U0311359

全国高等职业教育"十三五"规划教材

# 电气控制及PLC技术

张洪运 / 主编

山东人民出版社

国家一级出版社 全国百佳图书出版单位

**图书在版编目（CIP）数据**

电气控制及PLC技术/张洪运主编．-- 济南：山东
人民出版社，2017.8(2019.2重印)

ISBN 978-7-209-10916-1

Ⅰ．①电… Ⅱ．①张… Ⅲ．①电气控制－高等职
业教育－教材②PLC技术－高等职业教育－教材 Ⅳ．
①TM571.2②TM571.6

中国版本图书馆CIP数据核字(2017)第157162号

**电气控制及PLC技术**

张洪运　主编

主管部门　山东出版传媒股份有限公司
出版发行　山东人民出版社
社　　址　济南市英雄山路165号
邮　　编　250002
电　　话　总编室（0531）82098914
　　　　　市场部（0531）82098027
网　　址　http://www.sd-book.com.cn
印　　装　山东省东营市新华印刷厂
经　　销　新华书店

规　　格　16开（169mm×239mm）
印　　张　14.5
字　　数　200千字
版　　次　2017年8月第1版
印　　次　2019年2月第2次
印　　数　2001-3000
ISBN 978-7-209-10916-1
定　　价　29.00元

　　　　　如有印装质量问题，请与出版社总编室联系调换。

# 前　言

当前，以 PLC、触摸屏和变频器为主体的新型电气控制系统已广泛应用于各个生产领域。为了适应现代企业对高级机电技术人员电气控制方面能力的要求，我们编写了这本适合高职高专院校医药类、食品类等轻工业相关专业的教材。

本教材以培养能力为目标，是项目式教学的特色教材，每个项目都以实际工程案例引入，由浅入深地讲述相关理论知识和实际应用案例。本教材主要讲述三相交流电原理、传统继电接触器控制技术和 PLC 控制技术。PLC 控制技术以国内目前使用较多的西门子 S7-200 系列小型 PLC 为主要对象，详细介绍了 PLC、触摸屏和变频器在电气控制方面的综合应用技术。

本教材主要内容包括：单相交流电和三相交流电的原理及应用；安全用电；交流电动机的工作原理及应用；低压电器的结构、原理及控制技术；PLC、触摸屏和变频器控制技术等。

本教材是在编著人员大量生产实际经验的基础上编写而成，内容充分体现高职教学特点，以理论够用、项目驱动、注重培养实践能力为出发点，力求接近生产实际，体现教学内容的实用性和先进性。

本教材由山东药品食品职业学院张洪运编著，在编著过程中得到了山东齐都药业有限公司、山东新华医疗器械股份有限公司和山东威高集团医用高分子制品股份有限公司等多家企业相关技术人员的大力支持，同时还得到了本校许多同事的鼎力相助。在此，谨向他们表示诚挚的谢意。

由于编著者水平有限，书中难免有错漏之处，恳请读者批评指正。

编者

2017 年 3 月

# 目　录

# 第一章　电力传输与安全用电

## 1.1　电力系统

### 1.1.1　电力系统概述

由发电设备、输配电设备（包括高低压开关、变压器、电线电缆）以及用电设备等组成的整体叫作电力系统，如图 1-1 和图 1-2 所示。在电力系统中，联系发电和用电设备的输配电系统，称为电力网，简称电网。

一般中型和大型发电机的输出电压等级有 6.3kV、10.5kV、15.75kV 等。为了提高输电效率并减少输电线路上的损耗，通常都采用升压变压器将电压升高后再进行远距离输电。目前我国远距离交流输电电压有 110kV、220kV、330kV 及 500kV 几个等级。

高压输电到用户区后，再经降压变压器将高压降低到用户所需的各级电压。

电力网的电压等级：

高压：1kV 及以上的电压称为高压，有 1kV、3kV、6kV、10kV、35kV、110kV、330kV、500kV 等。

低压：1kV 及以下的电压称为低压，有 220 V，380 V。

安全电压：36 V 及以下的电压称为安全电压。我国规定的安全电压等级有 12 V、24 V、36 V 等。

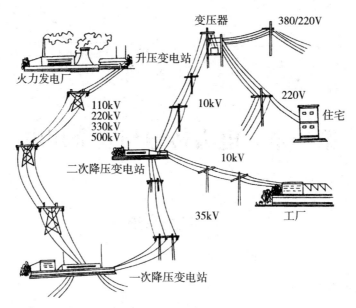

图 1-1 电力系统实物示意图

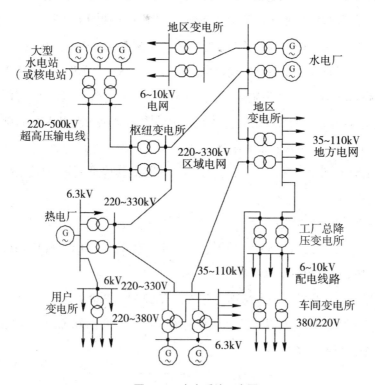

图 1-2 电力系统示意图

### 1.1.2 工厂供电

工厂供电系统由高压及低压两种配电线路、变电所（包括配电所）和用电设备组成。一般大、中型工厂均设有总降压变电所，把 35~110 kV 电压降为 6~10 kV 电压，向车间变电所或高压电动机和其他高压用电设备供电。总降压变电所通常设有一两台降压变压器。

1. 工厂配电

市区一般输电电压为 10 kV 左右，通常需要设置降压变电所，经配电变压器将电压降为 380/ 220 V，再引出若干条供电线到各用电点的配电箱上，配电箱将电能分配给各用电设备。为了合理地分配电能，有效地管理线路，提高线路的可靠性，一般都采用分级供电方式。即按照用户地域或空间的分布，将用户划分为供电区和片，通过干线、支线向片、区供电。整个供电线路形成一个分级的网状结构。

工厂配电一般是由 10kV 级以下的配电线路和配电(降压)变压器组成。它的作用是将电能降为 380/220 V 低压再分配到用户的用电设备。

一般大、中型工厂的供电系统如图 1 - 3 所示。在一个生产车间内，根据生产规模、用电设备的布局和用电量的大小等，可设立一个或多个车间变电所（包括配电所），也可以使相邻且用电量不大的车间共用一个车间变电所。车间变电所一般设置一至两台变压器（最多不超过三台），其单台容量一般为 1 000 kVA 或 1 000 kVA 以下（最大不超过 1 800 kVA），将 6~10 kV 电压降为 380/220 V 电压，为低压用电设备供电。

小型工厂的供电系统所需容量一般为 1 000 kVA 或稍多，因此，只需设立一个降压变电所，由电力网以 6~10 kV 电压供电，如图 1 - 4 所示。

变电所中的主要电气设备是降压变压器和受电、配电设备及装置。用来接受和分配电能的电气装置称为配电装置，其中包括开关设备、母线、保护电器、测量仪表及其他电气设备等。对于 10 kV 及 10 kV 以下系统，为了安装和维护方便，总是将受电、配电设备及装置做成成套的开关柜。

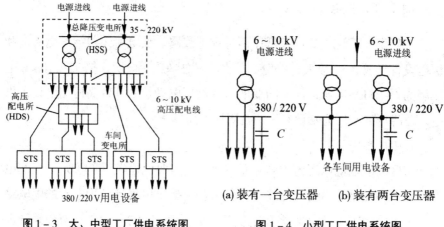

图 1-3　大、中型工厂供电系统图　　　　图 1-4　小型工厂供电系统图

**2. 车间配电**

从车间变电所或配电箱到用电设备的线路属于低压配电线路。其连接方式主要是放射式和树干式两种。

（1）放射式配电线路

特点：供电可靠性高，便于操作和维护，但配电导线用量大，投资高。如图 1-5 所示。

适用场合：负载点比较分散，而每个点的用电量又较大，变电所居于各负载点的中央。

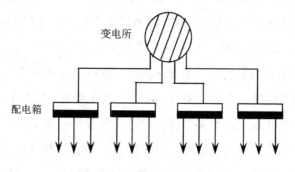

图 1-5　放射式配电线路示意图

（2）树干式配电线路

适用场合：负载比较集中，各负载点位于变电所或配电箱的同一侧。

如图 1-6 所示。

特点：供电可靠性差，但配电导线用量小，投资费用低，接线灵活性强。

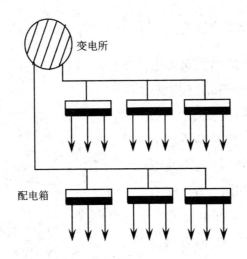

图 1-6　树干式配电线路示意图

### 3. 学校供配电示意图

学校供配电常为树干式配电，如图 1-7 所示。

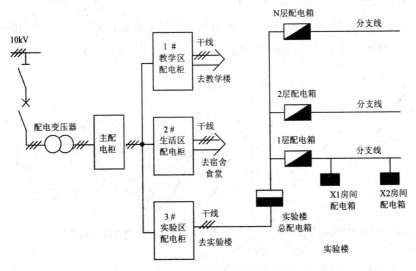

图 1-7　树干式配电线路示意图

# 1.2 三相交流电

### 1.2.1 三相电动势的产生

　　三相电动势是由三相交流发电机产生的。图 1－8 为三相交流发电机示意图，它主要由转子和定子构成。转子是电磁铁，其磁极表面的磁场按正弦规律分布。定子中嵌有三个线圈，彼此间隔 120°，每个线圈的匝数、几何尺寸相同。各线圈的起始端分别用 $U_1$、$V_1$ 和 $W_1$ 表示，末端分别用 $U_2$、$V_2$ 和 $W_2$ 表示，而且分别把它们叫作第一相线圈、第二相线圈和第三相线圈。当原动机如汽轮机、水轮机等带动三相发

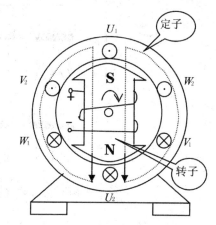

图 1－8　三相交流发电机示意图

电机的转子做顺时针转动时，就相当于各线圈做逆时针转动，则每个线圈中产生的感应电动势分别为 $e_U$、$e_V$、$e_W$。

　　三相电动势 $e_U$、$e_V$、$e_W$ 频率相同，幅值相等，相位上彼此相差 120°。参考方向选定为自绕组的末端指向始端，如图 1-9 和图 1-10 所示。

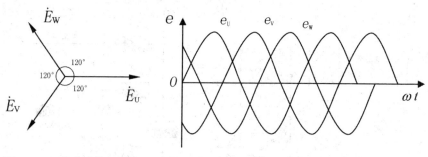

图 1－9　三相电动势向量图　　　　图 1－10　三相电动势的波形图

　　电压的有效值等于每相绕组中电动势的有效值，以 $U_u$ 为参考正弦量，

则

$$e_U = \sqrt{2}E\sin\omega t$$

$$e_V = \sqrt{2}E\sin(\omega t - 120°)$$

$$e_W = \sqrt{2}E\sin(\omega t - 240°)$$

对应的相量为：

$$\dot{E}_U = E\angle 0°$$

$$\dot{E}_V = E\angle -120°$$

$$\dot{E}_W = E\angle -240°$$

显然，

$$e_U + e_V + e_W = 0$$

$$\dot{E}_U + \dot{E}_V + \dot{E}_W = 0$$

三相交流电源可作星形连接和三角形连接。三相交流电源的星形连接如图 1-11 所示。

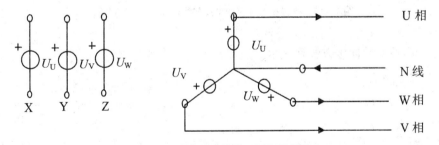

图 1-11 星形连接的三相交流电源

星形连接中，相线与中线间电压称为相电压，用 $\dot{U}_U$、$\dot{U}_V$、$\dot{U}_W$ 表示；任意两根端线之间的电压称为线电压，用 $\dot{U}_{UV}$、$\dot{U}_{VW}$、$\dot{U}_{WU}$ 表示，

$$\dot{U}_{UV} = \dot{U}_U - \dot{U}_V, \quad \dot{U}_{VW} = \dot{U}_V - \dot{U}_W, \quad \dot{U}_{WU} = \dot{U}_W - \dot{U}_U$$

可得：

$$\dot{U}_{UV} = U\angle 0° - U\angle -120° = \sqrt{3} \cdot \dot{U}_U \angle 30°$$

$$\dot{U}_{VW} = U\angle(-120°) - U\angle(-240°) = \sqrt{3} \cdot \dot{U}_V \angle 30°$$

$$\dot{U}_{WU} = U\angle(-240°) - U\angle 0° = \sqrt{3} \cdot \dot{U}_W \angle 30°$$

由以上推导可知：

$$U_l = \sqrt{3}U_P$$

$$\dot{U}_l = \sqrt{3}\dot{U}_P \angle 30^\circ$$

三相四线制电源的线电压与相电压之间的关系用图 1–12 的向量图表示。

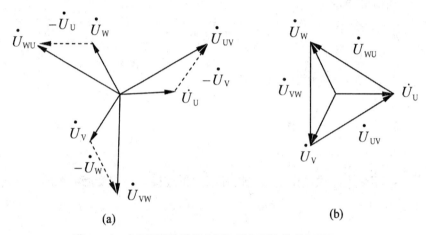

(a)                                (b)

图 1–12  电源星形连接线电压与相电压的关系向量图

另外一种连接方法是三角形连接，

$$\dot{U}_{UV} = \dot{U}_U$$

$$\dot{U}_{VW} = \dot{U}_V$$

$$\dot{U}_{WU} = \dot{U}_W$$

三角形连接的三相交流电源相电压与线电压的关系可用一个通式表示为：

$$\dot{U}_l = \dot{U}_P$$

三角形连接方式的三相电源，如图 1–13 所示。

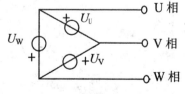

图 1–13  三角形连接的三相电源

### 1.2.2 负载星形连接的三相电路

负载星形连接是指把三相负载分别接在三相电源的端线和中线之间，如图 1-14 所示。流过各相负载的电流叫作相电流，流过端线的电流叫作线电流，其参考方向如图 1-14 所示。

当负载星形连接时，每相负载两端承受的是电源的相电压：

$$\dot{U}_{ZU} = \dot{U}_U \ , \ \dot{U}_{ZV} = \dot{U}_V \ , \ \dot{U}_{ZW} = \dot{U}_W$$

即阻抗两端的电压等于电源的相电压：

$$\dot{U}_Z = \dot{U}_P \ , \ \dot{I}_P = \dot{I}_L$$

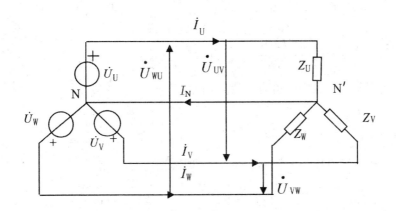

图 1-14 三相四线制三相电路

常用术语：

①端线：由电源始端引出的连接线

②中线：联接 N、N' 的连接线

③相电压：指每相电源（负载）的端电压

④线电压：指两端线之间的电压

⑤相电流：流过每相电源（负载）的电流

⑥线电流：流过端线的电流

⑦中线电流：流过中线的电流

根据基尔霍夫电流定律：

$$i_N = i_U + i_V + i_W$$

设电源相电压 $U_P$ 为参考相量，则每相负载上的电压为：

$$\dot{U}_{ZU} = \dot{U}_U = U_P \angle 0°$$

$$\dot{U}_{ZV} = \dot{U}_V = U_P \angle(-120°)$$

$$\dot{U}_{ZW} = \dot{U}_W = U_P \angle 120°$$

$$\dot{I}_U = \frac{\dot{U}_{ZU}}{Z_U} = \frac{U_P \angle 0°}{|Z_U| \angle \Phi_U} = I_U \angle(-\Phi_U)$$

$$\dot{I}_V = \frac{\dot{U}_{ZV}}{Z_V} = \frac{U_P \angle -120°}{|Z_V| \angle \Phi_V} = I_V \angle(-120° - \Phi_V)$$

$$\dot{I}_W = \frac{\dot{U}_{ZW}}{Z_W} = \frac{U_P \angle 120°}{|Z_W| \angle \Phi_W} = I_W \angle(120° - \Phi_W)$$

式中各相负载中电流有效值分别为

$$I_U = \frac{U_P}{|Z_U|} , \qquad I_V = \frac{U_P}{|Z_V|} , \qquad I_W = \frac{U_P}{|Z_W|}$$

各相负载电压与电流的相位差（即阻抗角）分别为：

$$\Phi_U = \arctan\frac{X_U}{R_U} , \qquad \Phi_V = \arctan\frac{X_V}{R_V} , \qquad \Phi_W = \arctan\frac{X_W}{R_W}$$

当负载对称时（即各相阻抗相等），

$$Z_U = Z_V = Z_W = Z = |Z| \angle \Phi$$

可知，负载相电流也是对称的，即：

$$I_U = I_V = I_W = I_P = \frac{U_P}{|Z|}$$

$$\Phi_U = \Phi_V = \Phi_W = \Phi = \arctan\frac{X}{R}$$

中线电流 $\dot{I}_N = \dot{I}_U + \dot{I}_V + \dot{I}_W = 0$

如图1-14，由于三个相电流对称，它们之间满足 $i_U + i_V + i_W = 0$，因此不需要中线。

例1.1 有一台三相电动机，其绕组为星形连接，接在线电压为 380 V 的对称三相电源上，每相等效阻抗 $Z = 20\angle 45° \Omega$，求每相电流。

**解:** 负载对称,只需计算一相(如 $U$ 相)即可,相电压 $U_P = 220$ V,以 $U_P$ 相电压为参考相量,

$$\dot{U}_U = 220\angle 0° \text{ V}$$

画出单相计算电路,如图 1-15 所示。

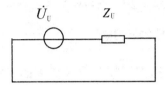

图 1-15 等效单相计算电路

$$\dot{I}_U = \frac{\dot{U}_U}{Z} = \frac{220\angle 0°}{20\angle 45°} \text{ A} = 11\angle(-45°) \text{ A}$$

根据对称性,可解出 $\dot{I}_V, \dot{I}_W$ :

$$\dot{I}_V = 11\angle(-165°) \text{ A}$$

$$\dot{I}_W = 11\angle(75°) \text{ A}$$

**例1.2** 在图 1-14 中,电源电压对称,$U_P = 220$ V,负载为电灯组,额定电压为 220 V,各相负载电阻分别为 $R_U = 5$ Ω、$R_V = 10$ Ω、$R_W = 20$ Ω,求各负载相电压、负载电流及中线电流。

**解:** 由于有中线,且中线阻抗可忽略不计,各相的计算具有相对独立性,故可分别计算。设

$$\dot{U}_U = 220\angle 0° \text{ V}$$

$$\dot{I}_U = \frac{\dot{U}_U}{R_U} = \frac{220\angle 0°}{5} \text{ A} = 44\angle(0°) \text{ A}$$

$$\dot{I}_V = \frac{\dot{U}_V}{R_V} = \frac{220\angle(-120°)}{10} \text{ A} = 22\angle(-120°) \text{ A}$$

$$\dot{I}_W = \frac{\dot{U}_W}{R_W} = \frac{220\angle 120°}{20} \text{ A} = 11\angle 120° \text{ A}$$

中线电流：

$$\dot{I}_N = \dot{I}_U + \dot{I}_V + \dot{I}_W$$
$$= 44\angle 0° + 22\angle -120° + 11\angle 120° \text{ A}$$
$$= 44 + (-11 - j19.05) + (-5.5 + j9.53)$$
$$= 27.5 - j9.52 \text{ A} = 29.1\angle(-19°) \text{ A}$$

### 1.2.3 负载三角形连接的三相电路

负载三角形连接是指把三相负载分别接在三相电源的每两根端线之间，如图 1-16 所示。

以 $U_l$ 为参考相量，各相负载的电压为：

$$\dot{U}_{zUV} = \dot{U}_{UV} = U_l\angle 0°$$

$$\dot{U}_{zVW} = \dot{U}_{VW} = U_l\angle(-120°)$$

$$\dot{U}_{zWU} = \dot{U}_{WU} = U_l\angle 120°$$

即阻抗两端的电压为电源的线电压：

$$\dot{U}_Z = \dot{U}_l$$

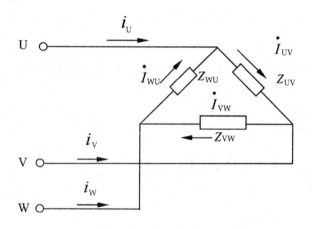

图 1-16 负载三角形连接的三相电路

负载相电流是对称的，

$$\dot{I}_{UV} = \frac{U_l}{|Z|} \angle(-\varPhi)$$

$$\dot{I}_{VW} = \frac{U_l}{|Z|} \angle(-120° - \varPhi)$$

$$\dot{I}_{WU} = \frac{U_l}{|Z|} \angle(120° - \varPhi)$$

各电流之间的关系如图 1-17 所示。即：

$$\dot{I}_U = \sqrt{3} \ \dot{I}_{UV} \angle(-30°)$$

$$\dot{I}_V = \sqrt{3} \ \dot{I}_{VW} \angle(-30°)$$

$$\dot{I}_W = \sqrt{3} \ \dot{I}_{WU} \angle(-30°)$$

用一个通式表示：

$$\dot{I}_l = \sqrt{3} \dot{I}_P \angle(-30°)$$

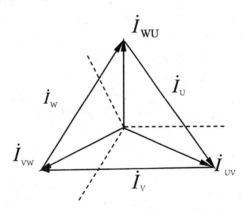

图 1-17 三角形负载电流向量表示

### 1.2.4 三相交流电路的功率

在三相交流电路中，三相负载消耗的总功率为各相负载消耗功率之和，即：

$$P = P_U + P_V + P_W = U_{P_U} I_{P_U} \cos \varPhi_U + U_{P_V} I_{P_V} \cos \varPhi_V + U_{P_W} I_{P_W} \cos \varPhi_W$$

式中，$U_{P_U}$、$U_{P_V}$、$U_{P_W}$ 为各相电压有效值；$I_{P_U}$、$I_{P_V}$、$I_{P_W}$ 为各

相电流有效值；$\Phi_U$、$\Phi_V$、$\Phi_W$ 为各相电压与该相电流的相位差。

对称三相负载 $P = 3U_P I_P \cos\Phi$，即 $P = \sqrt{3}U_l I_l \cos\Phi$

**例** 1.3 对称三相负载，每相电阻 $R=6\,\Omega$，感抗 $X_L=8\,\Omega$，接在线电压为 380 V 的对称三相电源上，分别计算负载做星形和做三角形连接时消耗的功率。

**解：** 每相负载的阻抗模为：

$$|Z| = \sqrt{R^2 + X_L^2} = \sqrt{6^2 + 8^2}\,\Omega = 10\,\Omega$$

阻抗角为：

$$\Phi = \arctan\frac{X_L}{R} = \arctan\frac{8}{6} = 53.1°$$

（1）负载做星形连接时，相电压 $U_P = \dfrac{U_l}{\sqrt{3}} = \dfrac{380}{\sqrt{3}}\,\text{V} = 220\text{V}$

线电流等于相电流，即： $\quad I_l = I_P = \dfrac{U_P}{|Z|} = \dfrac{220}{10}\,\text{A} = 22\text{A}$

三相功率为 $P_Y = 3U_P I_P \cos\Phi$

$\qquad = 3 \times 220 \times 22 \times \cos 53.1\,\text{kW}$

$\qquad = 8.7\,\text{kW}$

（2）负载做三角形连接时， $U_P = U_l = 380\,\text{V}$

相电流为 $I_P = \dfrac{U_P}{|Z|} = \dfrac{380}{10}\,\text{A} = 38\text{A}$

三相功率为 $P_\triangle = 3U_P I_P \cos\Phi$

$\qquad = 3 \times 380 \times 38 \times \cos 53.1°\,\text{kW}$

$\qquad = 26\,\text{kW}$

# 1.3　低压配电系统分类

我国 110kV 及以上系统普遍采用中性点直接接地系统，35kV、10kV 系统普遍采用中性点不接地系统或经大阻抗接地系统。我国 380/220V 低压配电系统广泛采用中性点直接接地的运行方式，而且引出有中性线（N）、保护线（PE）或保护中性线（PEN）。

中性线（N）的功能：一是用来接额定电压为系统相电压的单相用电设备；二是用来传导三相系统中的不平衡电流和单相电流；三是减小负荷中性点的电位偏移。

保护线（PE）的功能：用来保障人身安全、防止发生触电事故用的接地线。

保护中性线（PEN）的功能：兼有中性线和保护线的功能，这种保护中性线在我国通常叫"零线"，俗称"地线"。

根据国际电工委员会（IEC）的规定，低压配电系统按接地方式的不同分为三类，即 TT、TN 和 IT 系统，其中 TN 系统又分为 TN-C、TN-S、TN-C-S 系统。第一个字母代表电源端的接地方式，I 表示不接地，T 表示有一点直接接地；第二个字母代表电气装置的外露可导电部分的接地方式，T 表示直接接地，N 表示与电源端接地点有直接连接；后面的字母代表中性导线与保护导线的组合情况，S 表示两者是分开的，C 表示两者是合一的。

## 1.3.1　TN 系统

这种供电系统是将电气设备的金属外壳与工作零线相接的保护系统，称作接零保护系统，用 TN 表示。它的特点如下：

一旦设备出现外壳带电，接零保护系统能将漏电电流上升为短路电流，这个电流很大，是 TT 系统的 5.3 倍，实际上就是单相对地短路故障，熔断器的熔丝会熔断，低压断路器的脱扣器会立即动作而跳闸，使故障设备断电，比较安全。

TN 系统节省材料、工时，在我国和其他许多国家得到广泛应用，比

TT 系统更具优势。 TN 方式供电系统中，根据其保护零线是否与工作零线分开而划分为 TN-C 和 TN-S 等两种。

1. TN-C 方式供电系统

TN-C 系统是指三相四线制供电，该系统的中性线 (N) 和保护线 (PE) 是合一的，该线又称为保护中性线 (PEN)，用工作零线兼作接零保护线，如图 1-18 所示。它的优点是节省了一条导线，缺点是三相负载不平衡或保护中性线断开时会使所有用电设备的金属外壳都带上危险电压。

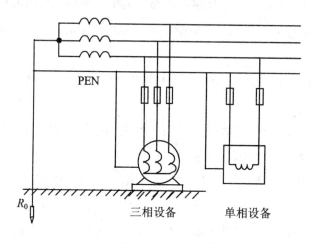

图 1-18 TN-C 系统

2. TN-S 方式供电系统

TN-S 系统是指三相五线制供电，该系统的 N 线和 PE 线是分开的，从变压器起就用五线供电，如图 1-19 所示。它的优点是 PE 线在正常情况下没有电流通过，因此不会对接在 PE 线上的其他设备产生电磁干扰。此外，由于 N 线与 PE 线分开，N 线断开也不会影响 PE 线的保护作用。

TN-S 供电系统的特点如下：

（1）系统正常运行时，专用保护线上不会有电流，只在工作零线上有不平衡电流。 PE 线对地没有电压，所以电气设备金属外壳接零保护是接在专用的保护线 PE 上，安全可靠。

（2）工作零线只用作单相照明负载回路。

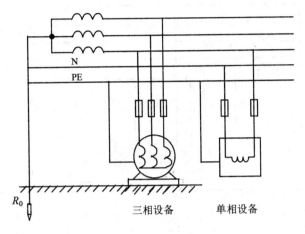

图 1 – 19　TN-S 系统

（3）专用保护线 PE 不许断线，也不许进入漏电开关。

（4）干线上使用漏电保护器，工作零线不得有重复接地，而 PE 线有重复接地，但是不经过漏电保护器，所以 TN-S 系统供电干线上也可以安装漏电保护器。

（5）TN-S 方式供电系统安全可靠，适用于工业与民用建筑等低压供电系统。建筑工程竣工前的"三通一平"（电通、水通、路通和地平）必须采用 TN-S 方式供电系统。

3. TN-C-S 方式供电系统

TN-C-S 系统是指三相四线与三相五线混合供电系统如图 1-20 所示。该系统从变压器到用户配电箱是四线制供电，中性线和保护地线是合一的；从配电箱到用户中性线和保护地线是分开的，所以它兼有 TN-C 系统和 TN-S 系统的特点，常用于配电系统末端环境较差或对电磁抗干扰要求较严的场所。

在建筑施工临时供电中，如果前部分是 TN-C 方式供电，而施工规范规定施工现场必须采用 TN-S 方式供电系统，则可以在系统后部分现场总配电箱分出 PE 线。

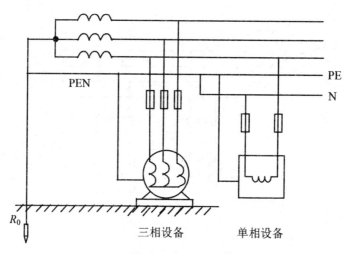

图 1－20　TN-C-S 系统

TN-C-S 系统的特点如下：

（1）工作零线 N 与专用保护线 PE 相连通，线路不平衡电流比较大时，电气设备的接零保护受到零线电位的影响。负载越不平衡，设备外壳对地电压偏移就越大，所以要求负载不平衡电流不能太大，而且在 PE 线上应做重复接地。

（2）PE 线在任何情况下都不能进入漏电保护器，因为线路末端的漏电保护器动作会使前级漏电保护器跳闸，从而造成大范围停电。

（3）PE 线除了在总箱处必须和 N 线相接以外，其他各分箱处均不得把 N 线和 PE 线相连，PE 线上不许安装开关和熔断器。

TN-C-S 供电系统是在 TN-C 系统上临时变通的做法。当三相电力变压器工作接地情况良好、三相负载比较平衡时，TN-C-S 系统在施工用电实践中还是可行的；但是，在三相负载不平衡、建筑施工工地有专用的电力变压器时，必须采用 TN-S 供电系统。

### 1.3.2 TT 系统

TT 系统是指将电气设备的金属外壳直接接地的保护系统，也称保护接地系统。在 TT 系统中负载的所有接地均称为保护接地，如图 1-21 所示。

TT 系统中性点直接接地，而其中设备的外露可导电部分均经 PE 线单独接地。根据住宅设计规范规定，住宅供电系统应采用 TT、TN 系统接地方式。

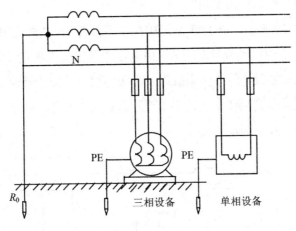

图 1 – 21 TT 系统

TT 系统的特点如下：

（1）当电气设备的金属外壳带电（相线碰壳或设备绝缘损坏而漏电）时，由于有接地保护，可以大大减少触电的危险性。但是，低压断路器（自动开关）不一定能跳闸，造成漏电设备的外壳对地电压高于安全电压，属于危险电压。

（2）当漏电电流比较小时，即使有熔断器也不一定能熔断，所以还需要漏电保护器来保护，因此 TT 系统难以推广。

（3）TT 系统接地装置耗用钢材多，而且难以回收，费工时、费料。适用于接地保护很分散的地方。

### 1.3.3 IT 系统

IT 方式供电系统在供电距离不是很长时，供电的可靠性高、安全性好。一般用于不允许停电的场所，或者是严格要求连续供电的地方，例如电力炼钢、大型医院的手术室、地下矿井等。地下矿井内供电条件比较差，电缆易受潮，运用 IT 方式供电系统，即使电源中性点不接地，一旦设备漏电，单相对地漏电电流极小，不会破坏电源电压的平衡，所以比电源中性点接地的系统更安全。但是，如果供电距离较长时，供电线路对大地的分布电容就不能忽视了，在负载发生短路故障或漏电使设备外壳带电时，保护设备不一定动作，这是很危险的。

如图 1-22 所示，由于 IT 系统中性点不接地，设备外壳单独接地，因此当系统发生单相接地故障时，三相用电设备及接线电压的单相设备仍能继续运行，但应装设绝缘监测系统以发出报警信号，便于及时处理。

IT 系统主要适用于对连续供电要求较高及有易燃、易爆物的危险场所，特别是矿山、井下等场所。

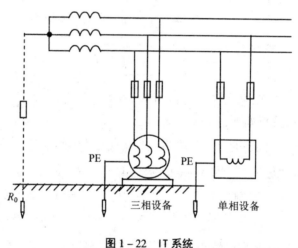

PE　　　　　　PE

$R_0$　　　　　　　　　三相设备　　　单相设备

图 1-22　IT 系统

# 1.4　安全用电常识

### 1.4.1 安全用电基础知识

一、人身触电事故

当电流流过人体时对人体内部造成的生理机能的伤害，称之为人身触电事故。电流对人体伤害的严重程度一般与通过人体电流的大小、时间、部位、频率和触电者的身体状况有关。流过人体的电流越大，危险越大；

电流通过人体脑部和心脏时最为危险；工频电流危害要大于直流电流。

触电后能自行摆脱的最大电流称为摆脱电流。对于成年人而言，摆脱电流约在 15 mA 以下。摆脱电流被认为是人体在较短时间内可以忍受且不会造成生命危险的电流。当通过人体的电流达到 50 mA 以上时则有生命危险。而一般情况下，30 mA 以下的电流通常在短时间内不会造成生命危险，我们称之为安全电流。

触电事故对人体造成的直接伤害主要有电击和电伤两种。电击是指电流通过人体细胞、骨骼、内脏器官、神经系统等造成的伤害。电伤一般是指由于电流的热效应、化学效应和机械效应对人体外部造成的局部伤害，如电弧伤、电灼伤等。此外，人身触电事故通常会对人体造成二次伤害，二次伤害是指由触电引起的高空坠落、电气着火、爆炸等对人造成的伤害。

二、人体触电的主要类型

1. 单相触电

由于电线绝缘破损、导线金属部分外露、导线或电气设备受潮等原因使其绝缘能力降低，导致站在地上的人体直接或间接地与火线接触，这时电流就通过人体流入大地而造成单相触电事故，如图 1-23 所示。

2. 两相触电

两相触电是指人体同时触及两相电源或两相带电体，电流由一相经人体流入另一相，此时加在人体上的最大电压为线电压，其危险性最大。两相触电如图 1-24 所示。

3. 跨步电压触电

对于外壳接地的电气设备，当绝缘损坏而使外壳带电，或导线断落发生单相接地故障时，电流由设备外壳经接地线、接地体（或由断落导线经接地点）流入大地，向四周扩散。如果此时人站立在设备附近地面上，两脚之间也会承受一定的电压，称为跨步电压。跨步电压的大小与接地电流、土壤电阻率、设备接地电阻及人体位置有关。当接地电流较大时，跨步电压会超过允许值，发生人身触电事故。特别是在发生高压接地故障或雷击时，会产生很高的跨步电压，如图 1-25 所示。跨步电压触电也是危险性较大的一种触电方式。

图 1 - 23　单相触电

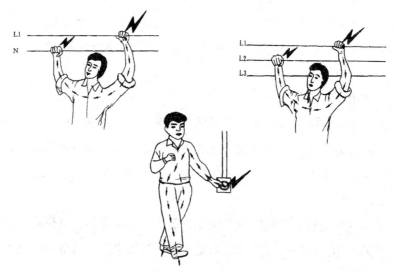

图 1 - 24　两相触电

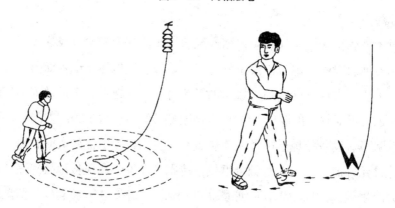

图 1 - 25　跨步电压触电

三、人身安全知识

1. 在维修或安装电气设备、电路时，必须严格遵守安全操作规程和规定。

2. 在操作前应对所用工具的绝缘手柄、绝缘手套和绝缘靴等安全用具的绝缘性能进行测试，有问题的不可使用，并马上调换。

3. 进行停电操作时，应严格遵守相关规定，切实做好防止突然送电的各项安全措施，如锁上刀开关，并悬挂"有人工作，不许合闸"的警告牌等，绝不允许约定时间送电。

4. 未掌握电气知识和技术的人员，不可安装和拆卸电气设备及电路。

5. 不可用湿手接触带电的电器，如开关、灯座等，更不可用湿布揩擦电器。

6. 发现任何电气设备或电路的绝缘有破损时，应及时对其进行绝缘恢复。

7. 雷雨时，不要接触或走近高电压电杆、铁塔和避雷针的接地导线，不要站在高大的树木下，以防雷电入地时发生跨步电压触电。雷雨天禁止在室外变电所或室内的架空引入线上作业。

8. 切勿走近断落在地面上的高压电线，万一高压电线断落在身边或已进入跨步电压区域时，要立即用单脚或双脚并拢跳到 10 m 以外的地方。为了防止跨步电压触电，千万不可奔跑。

9. 当发现有人触电时，应立即采取正确的抢救措施。

四、设备运行安全知识

1. 对于出现异常现象（例如：过热、冒烟、异味、异声等）的电气设备、装置和电路，应立即切断其电源，及时进行检修，只有在故障排除后，才可继续运行。

2. 对于开关设备的操作，必须严格遵照操作规程，闭合电源时，应先闭合隔离开关（一般不具有灭弧装置），再闭合负荷开关（具有灭弧装置）；分断电源时，应先断开负荷开关，再断开隔离开关。

3. 在需要切断故障区域电源时，要尽量缩小停电范围。有分路开关的，应尽量切断故障区域的分路开关，避免越级切断电源。

4.应避免电气设备受潮,设备放置位置应有防止雨、雪和水侵袭的措施。电气设备在运行时往往会发热，所以要有良好的通风条件，有的电气设备还要配备防火设施。

5.所有电气设备的金属外壳，都必须有可靠的保护接地或接零。

6.对于有可能被雷击的电气设备，要安装防雷装置。

### 1.4.2 安全用电措施

接地，是利用大地为正常运行、发生故障及遭受雷击等情况下的电气设备提供对地电流以构成回路，从而保证电气设备和人身的安全。因此，所有电气设备或装置的某一点（接地点）要与大地之间有着可靠且符合技术要求的电气连接。

一、电气设备接地的种类

1. 工作接地

为了保证电气设备的正常工作，将电路中的某一点通过接地装置与大地可靠地连接起来就称为工作接地，如图 1-26 所示。如变压器低压侧的中性点、电压互感器和电流互感器的二次侧某一点接地等，其作用是为了降低人体的接触电压。

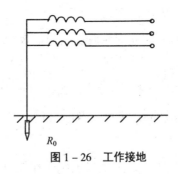

$R_0$

图 1-26　工作接地

2. 保护接地

保护接地就是电气设备将正常情况下不带电，而在绝缘材料损坏后或其他情况下可能带电的金属部分用导线与接地体可靠连接起来的一种保护接线方式。

（1）保护接地原理

在中性点不直接接地的低压系统中带电部分意外碰壳时，接地电流 $I_e$ 通过人体和电网与大地之间的电容形成回路，此时流过故障点的接地电流主要是电容电流。当电网对地绝缘正常时，此电流不大；如果电网分布很广，或者电网绝缘性能显著下降，这个电流可能上升到危险程度，造成触电事故，如图 1-27（a）所示。图中 $R_r$ 为人体电阻。

为解决上述可能出现的危险，可采用图 1-27（b）所示的保护接地措施。这时通过人体的电流仅是全部接地电流 $I_e$ 的一部分 $I_r$。由于 $R_0$ 与 $R_r$ 是并联关系，在 $R_r$ 一定的情况下，接地电流 $I_e$ 主要取决于保护接地电阻 $R_0$ 的大小。因此适当控制 $R_0$ 的大小（应在 $4\Omega$ 以下）即可以把 $I_r$ 限制在安全范围以内，保证操作人员的人身安全。

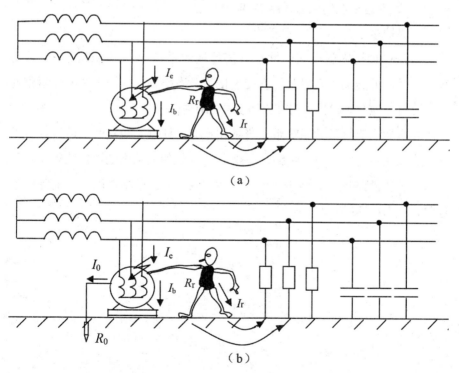

（a）

（b）

图 1-27　保护接地原理

（a）不接地的危险　　（b）接地后的情形

（2）保护接地的应用范围

保护接地适用于中性点不直接接地的电网，在这种电网中，在正常情况下金属部分是与带电体绝缘的，一旦绝缘损坏漏电或感应电压就会造成人员触电的事故，除有特殊规定外均应保护接地。应采取保护接地的设备举例如下：

1）电机、变压器、照明灯具、携带式及移动式用电器具的金属外壳和底座。

2）电器设备的传动机构。

3）室内外配电装置的金属构架及靠近带电体部分的金属围栏和金属门以及配电屏、箱、柜和控制屏、箱、柜的金属框架。

4）互感器的二次线圈。

5）交、直流电力电缆的接线盒、终端盒的金属外壳和电缆的金属外皮。

6）装有避雷线的电力线路的杆和塔。

3. 保护接零

所谓保护接零就是在中性点直接接地的系统中，把电器设备正常情况下不带电的金属外壳以及与它相连接的金属部分与电网中的零线紧密连接，可有效地起到保护人身和设备安全的作用。

在中性点直接接地系统中，当某相绝缘损坏碰壳短路时，通过设备外壳形成该相对零线的单相短路，短路电流 $I_d$ 能使线路上的保护装置（如熔断器、低压断路器等）迅速动作，从而把故障部分的电源断开，消除触电危险，如图 1-28 所示。

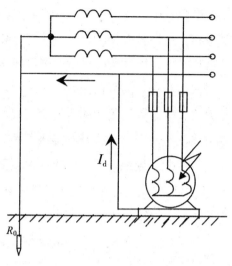

图 1－28　保护接零原理图

### 1.4.3 电气火灾消防基本知识

**1. 发生电气火灾的原因**

在火灾事故中，电气火灾所占比重较大，几乎所有的电气故障都可能导致电气火灾，特别是在存有石油液化气、煤气、天然气、汽油、柴油、酒精、棉、麻、化纤织物、木材、塑料等易燃易爆物品的场所。另外一些设备本身可能会产生易燃易爆物质，如设备的绝缘油在电弧作用下分解和汽化，喷出大量的油雾和可燃气体；酸性电池排出氢气并形成爆炸性混合物等。一旦这些环境遇到较高的温度或微小的电火花，便有可能引起着火或爆炸。

**2. 预防电气火灾的发生**

为了防止电气火灾事故的发生，首先，正确地选择、安装、使用和维护电气设备及电气线路，并按规定正确采用各种保护措施。所有电气设备均应与易燃易爆物保持足够的安全距离，有明火的设备及工作中可能产生高温高热的设备，如喷灯、电热设备、照明设备等，使用后应立即关闭。其次，对含有易燃易爆物、导电粉尘等容易引起火灾或爆炸的场所，应按要求使用防爆或隔爆型电气设备，禁止在易燃易爆场所使用非防爆型的电气设备，特别是携带式或移动式设备。对可能产生电弧或电火花的地方，必须设法隔离或杜绝电弧及电火花的产生。外壳表面温度较高的电气设备应尽量远离易燃易爆物，易燃易爆物附近不得使用电热器具，如必须使用时，应采取有效的隔热措施。爆炸危险场所的电气线路应符合防火防爆要求，保证足够的导线截面和接头的紧密接触，采用钢管敷设并采取密封措施，严禁采用明敷方式。爆炸危险场所的接地（或接零）应高于一般场所的要求，接地（零）线不得使用铝线，所有接地（零）应连接成连续的整体，以保证电流连续不中断，接地（零）连接点必须可靠并尽量远离危险场所。火灾及爆炸危险场所必须具有更加完善的防雷和防静电措施。此外，火灾及爆炸危险场所及与之相邻的场所，应用非可燃材料或耐火材料搭建。在爆炸危险场所，一般不应进行测量工作，应避免带电作业，更换灯泡等工作也应在断电之后进行。

3. 预防静电火灾的发生

静电的产生比较复杂，大量的静电荷积聚，能够形成很高的电位。油在车船运输、管道输送中会产生静电；传送带上也会产生静电。这类静电现象在塑料、化纤、橡胶、印刷、纺织、造纸等生产行业是经常发生的，而这些行业发生火灾与爆炸的危险又往往很大。

静电的特点是电压很高，有时可高达数万伏；静电能量不大，发生人身静电电击时，触电电流往往瞬间被释放，一般不会有生命危险。绝缘体上的静电泄放很慢，静电带电体周围很容易发生静电感应和尖端放电现象，从而产生放电火花或电弧。静电最严重的危害就是可能引起火灾和爆炸事故。特别是在易燃易爆场所，很小的静电火花便能带来严重的后果。因此，必须对此采取有效的防护措施。

对于可能引起事故危险的静电带电体，最有效的措施就是通过接地将静电荷及时释放，从而消除静电的危害。通常防静电接地电阻不大于 $100\Omega$。对带静电的绝缘体应采取用金属丝缠绕、屏蔽接地的方法；还可以采用静电中和器。对容易产生尖端放电的部位应采取静电屏蔽措施。对电容器、长距离线路及电力电缆等，在进行检修或试验工作前应先放电。

静电带电体的防护接地应有多处，特别是两端，都应接地。因为当导体因静电感应而带电时，其两端都会积聚静电荷，一端接地只能消除部分危险，未接地端所带电荷不能释放，仍存在事故隐患。

凡用来加工、储存、运输各种易燃性液体、气体和粉尘性材料的设备，均须妥善接地。比如运输汽油的汽车，应带金属链条，链条一端和油槽底盘相连，另一端拖在地面上，装卸油之前，应先将油槽车与储油罐相连并接地。

4. 电气消防常识

当发生电气设备火警时，或邻近电气设备附近发生火灾时，应立即拨打 119 火警电话报警。扑救电气火灾时要注意触电危险，首先应立即切断电源，通知电力部门派人到现场指导扑救工作。灭火时，应注意运用正确的灭火知识，采取正确的方法灭火。

夜间断电救火应有临时照明措施。切断电源时尽量选择局部断电，同时要注意安全，防止触电，不得带负荷拉合开关或隔离开关。火灾发生后，由于受潮或烟熏，使开关设备的绝缘能力降低，所以拉闸时最好使用绝缘工具。剪断导线时应使用带绝缘手柄的工具，并注意防止断落的导线伤人；不同相线应在不同部位剪断，以防造成短路；剪断空中电线时，剪断位置应选择在靠电源方向的支持物附近。带电灭火时，灭火人员要与带电部位保持安全距离。在救火过程中应同时注意防止发生触电事故或其他事故。用水枪带电灭火时，宜采用泄漏电流小的喷雾水枪，并将水枪喷嘴接地，灭火人员应戴绝缘手套、穿绝缘靴或穿均压服操作。

5. 灭火器的使用

（1）干粉灭火器

干粉灭火器主要适用于扑救石油及其衍生产品、油漆、可燃气体和电气设备的初起火灾，但不可用于电机着火时的扑救。

使用干粉灭火器时先打开保险销，一手握住喷嘴对准火源，另一手紧握导杆提环，将顶针压下干粉即喷出。干粉灭火器的日常维护需要每年检查一次干粉是否结块，每半年检查一次压力。发现结块应立即更换，压力小于规定值时应及时充气、检修。

（2）二氧化碳灭火器

二氧化碳灭火器主要适用于扑救额定电压低于 600 V 的电气设备、仪器仪表、档案资料、油脂及酸类物质的初起火灾，但不适用于扑灭金属钾、钠、镁、铝的燃烧。

使用二氧化碳灭火器时，一手拿喷筒，喷口对准火源，一手握紧鸭舌，气体即可喷出。二氧化碳导电性差，当着火设备电压超过 600 V 时必须先停电后灭火；二氧化碳怕高温，故存放点温度不得超过 42℃。使用时不要用手摸金属导管，也不要把喷筒对着人，以防冻伤。喷射时应朝顺风方向进行。日常维护需要每月检查一次，重量减少 1/10 时，应充气。发现结块应立即更换，压力少于规定值时应及时充气。

（3）1211 灭火器

1211 灭火器适用于扑救电气设备、仪表、电子仪器、油类、化工、化纤原料、精密机械设备及文物、图书、档案等的初起火灾。

使用时，拔掉保险销，握紧把开关，由压杆使密封阀开启，在氮气压力作用下，灭火剂喷出，松开压把开关，喷射即停止。1211 灭火器的日常维护需要每年检查一次重量。

（4）泡沫灭火器

泡沫灭火器适用于扑救油脂类、石油类产品及一般固体物质的初起火灾。但绝不可用于带电体的灭火。

使用时将筒身颠倒过来，使碳酸氢钠与硫酸两溶液混合并发生化学作用，产生的二氧化碳气体泡沫便由喷嘴喷出。使用时，必须注意不要将筒盖、筒底对着人体，以防意外爆炸伤人。泡沫灭火器只能直立放置。泡沫灭火器需要每年检查一次泡沫发生倍数，若低于 4 倍时，应更换药剂。

### 1.4.4 触电急救

**1. 触电急救常识**

众多的触电抢救实例表明，触电急救对于减少触电伤亡是行之有效的。人触电后，往往会失去知觉或者出现假死，此时触电者能否被救治的关键是在于救护者是否能及时采取正确的救护方法。实际生活中发生触电事故后能够实行正确救护的人为数不多，其中多数事故都具备触电急救的条件和救活的机会，但都因抢救无效而死亡。这除了有发现过晚的因素之外，救护者不懂得触电急救方法和缺乏救护技术，不能进行及时、正确地抢救，是未能使触电者生还的主要原因。当发生人身触电事故时，应该立刻采取以下措施：

（1）尽快使触电者脱离电源。如在事故现场附近，应迅速拉下开关或拔出插头，以切断电源。如距离事故现场较远，应立即通知相关部门停电，同时使用带有绝缘手柄的钢丝钳等切断电源，或者使用干燥的木棒、竹竿等绝缘物将电源移掉，从而使触电者迅速脱离电源。如果触电者身处高处，应考虑到其脱离电源后有坠落、摔跌的可能，所以应同时做好防止人员摔伤的安全措施。如果事故发生在夜间，应准备好临时照明工具。

（2）当触电者脱离电源后，将触电者移至通风干燥的地方，在通知医务人员前来救护的同时，还应现场就地检查和抢救。首先使触电者仰天平卧，松开其衣服和裤带；检查瞳孔是否放大，呼吸和心跳是否存在；再根据触电者的具体情况而采取相应的急救措施。对于没有失去知觉的触电者，应对其进行安抚，使其保持安静；对触电后精神失常的，应防止其发生突然狂奔的现象。

2. 急救方法

（1）对失去知觉的触电者，若呼吸不齐、微弱或呼吸停止而有心跳的，应采用口对口人工呼吸法进行抢救。

具体方法是：先使触电者头偏向一侧，清除口中的血块、痰液或口沫，取出口中假牙等杂物，使其呼吸道畅通；急救者深深吸气，捏紧触电者的鼻子，大口地向触电者口中吹气，然后放松鼻子，使之自身呼气，每5秒一次，重复进行，在触电者苏醒之前，不可间断。操作方法如图1-29所示。

图1-29　口对口人工呼吸法

（2）对有呼吸而心脏跳动微弱、不规则或心跳已停的触电者，应采用胸外心脏按压法进行抢救。

先使触电者头部后仰，急救者跪跨在触电者臀部位置，右手掌置放在触电者的胸上，左手掌压在右手掌上，向下挤压 3 ~ 4 cm 后，突然放松。挤压和放松动作要有节奏，每秒钟 1 次（儿童 2 秒钟 3 次），按压时应位置准确，用力适当，用力过猛会造成触电者内伤，用力过小则无效。对儿童进行抢救时，应适当减小按压力度，在触电者苏醒之前不可中断。操作方法如图 1-30 所示。

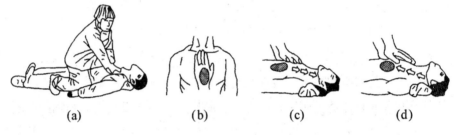

图 1 - 30　胸外心脏按压法

（a）急救者跪跨在触电者臀部　（b）手掌挤压部位　（c）向下挤压　（d）突然放松

（3）对于呼吸与心跳都停止的触电者的急救，应该同时采用"口对口人工呼吸法"和"胸外心脏按压法"。如急救者只有一人，应先对触电者吹气 2 次（约 5 秒内完成），然后再挤压 15 次（约 10 秒内完成），如此交替重复进行至触电者苏醒为止。如果是两人合作抢救，吹气时应使触电者胸部放松，只可在换气时进行按压。

（4）触电急救口诀

　　　　有人触电莫手牵，伤员脱电最关键；

　　　　切断电源是首先，干燥竹木可断电。

　　　　脱电伤员要平放，检查呼吸和心跳；

　　　　人工急救不间断，联系医生要尽快。

　　　　清口捏鼻手抬额，深吸缓吹口对紧；

　　　　张口困难吹鼻孔，五秒一次不放松。

掌根下压不冲击，突然放松手不离；

手腕略弯压一寸，一秒一次较适宜。

**思考与练习**

1. 常见的触电方式和原因有哪几种？

2. 常见的安全用电措施有哪些？

3. 对触电者应如何进行急救？

4. 如何进行电火警的紧急处理？

5. 三相负载星形连接，U、V、W 三相负载复阻抗分别为 $25\Omega$，$(25+j25)\Omega$，$-j10\Omega$，接于对称四相制电源上，电源线电压为 380 V，求各端线上电流；如无中性线，再求各端线上电流。

6. 对称三相电路，负载星形连接，负载各相复阻抗 $Z=(20+j15)\Omega$，输电线阻抗均为 $(1+j)\Omega$，中性线阻抗忽略不计，电源线电压，求负载各相的相电压及线电流。

7. 在三层楼房中单相照明电灯均接在三相四线制上，每一层为一相，每相装有 220 V、40 W 的电灯 20 只，电源为对称三相电源，其线电压为 380 V，求：(1)当灯泡全部点亮时的各相电流、线电流及中性线电流；(2)当 U 相灯泡半数点亮而 V、W 两相灯泡全部点亮时，各相电流、线电流及中性线电流；(3)当中性线断开时，在上述两种情况下各相负载的电压为多少？并由此说明中性线的作用。

8. 三个相等的复阻抗 $=(40+j30)\Omega$，接成三角形接到三相电源上，求总的三相功率：

（1）电源为三角形连接，线电压为 220 V；

（2）电源为星形连接，其相电压为 220 V。

## 项目一　学校供电系统认知

### 一. 项目目的

1. 对 10kV 及以下供配电系统进行观察认知。

2. 观察掌握学校内 10kV 降压变压器的结构、接线方式及原理。

3. 掌握学校教学楼、宿舍楼及实验室的配电系统类型、负荷分配及设备人员安全措施。

### 二. 项目设备

1. 学校变电站。

2. 教学楼、宿舍楼及实验实训楼的总配电室及各个房间的配电箱。

3. 教学设备及实验实训设备。

### 三. 项目要求

1. 画出所在学校供配电系统示意图。

2. 画出实验实训楼某个房间配电示意图。

3. 对学校供配电系统及安全用电提出意见或建议。

# 第二章 电动机

电动机可分为交流电动机和直流电动机，交流电动机又分为异步电动机和同步电动机，异步电动机又分为鼠笼式和绕线式两种形式。因异步电动机具有结构简单、坚固耐用、运行可靠、效率较高、使用和维护方便等一系列优点，所以它是工农业生产中使用最多的一种电动机。本书主要讲述三相异步交流电动机的基本结构、工作原理、机械特性和控制方法。

## 2.1 三相异步电动机的分类、用途及基本结构

三相异步电动机由定子和转子构成，固定部分称为定子，旋转部分称为转子，其基本结构如图 2-1 所示。定子和转子都有铁心和绕组，如图 2-2、2-3 所示。定子的三相绕组为 AX、BY、CZ。转子分为鼠笼式和绕线式两种结构。鼠笼式转子绕组有铜条和铸铝两种形式。绕线式转子绕组的形式与定子绕组基本相同，3 个绕组的末端连接在一起构成星形连接，3 个始端连接在 3 个铜集电环上，启动变阻器和调速变阻器通过电刷与集电环和转子绕组相连接。

三相定子绕组：产生旋转磁场；转子：在旋转磁场作用下，产生感应电动势或电流，结构如图 2-4 所示。

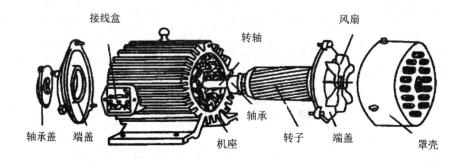

图 2 - 1  鼠笼式电动机的拆散形状

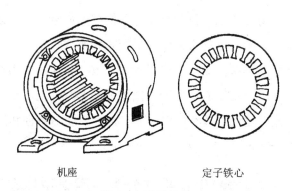

机座                    定子铁心

图 2 - 2  定子铁心

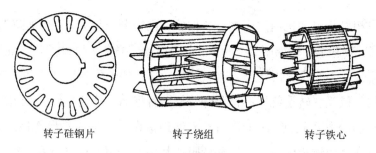

转子硅钢片              转子绕组              转子铁心

图 2 - 3  鼠笼式转子

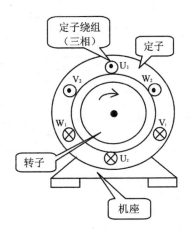

图 2 - 4 电动机的断面结构示意图

## 2.2 三相异步电动机的工作原理

1. 旋转磁场的产生

如图 2-5 所示，把三相定子绕组连成星形，接到对称三相电源上，定子绕组中便有对称三相电流流过。

$$i_A = \sqrt{2} I_p \sin \omega t$$

$$i_B = \sqrt{2} I_p \sin(\omega t - 120°)$$

$$i_C = \sqrt{2} I_p \sin(\omega t + 120°)$$

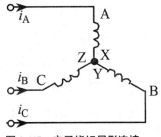

图 2 - 5 定子绕组星形连接

当 $\omega t=0°$ 时，由三相电流的表达可知：$i_A=0$；$i_B$ 为负值，电流从 Y 流入，B 流出；$i_C$ 为正值，电流从 C 流入，Z 流出。电流流入端用 $\otimes$ 表示，电流流出端用 $\odot$ 表示，利用右手螺旋定则，可以确定当 $\omega t=0°$ 瞬间，由三相电流合成的磁场方向如图 2-6a 所示。

当 $\omega t=120°$ 时，$i_A$ 为正，$i_C$ 为负，$i_B=0$，合成磁场如图 2-6 b 所示。可见，合成磁场轴线相对于 $\omega t=0°$ 瞬间，顺时针旋转 120°角。

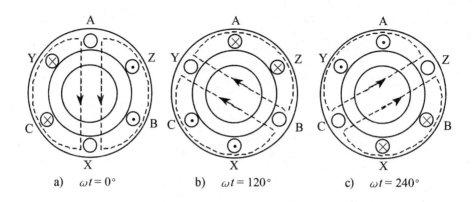

a)  $\omega t = 0°$     b)  $\omega t = 120°$     c)  $\omega t = 240°$

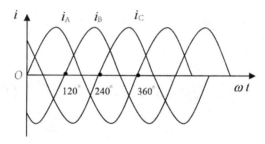

图 2-6  电动机旋转磁场的产生

当 $\omega t = 240°$ 时，合成磁场分别如图 2-6c 所示。合成磁场相对于 $\omega t = 0°$ 时，在空间上顺时针转过了 240° 角。

由上述分析得出，当三相定子绕组通入三相对称电流后，它们共同产生的合成磁场是随电流的交变而在空间不断地旋转着，这就是旋转磁场。旋转磁场同磁极在空间旋转所起的作用是一样的。

2. 旋转磁场的转向

由图 2-6 可以看出，三相交流电的变化次序为正相序，即：U 相达到最大值→V 相达到最大值→W 相达到最大值→U 相达到最大值……，则产生的旋转磁场的旋转方向也为 U 相→V 相→W 相→U 相……，即与电流的相序一致。如果我们调换电动机三相绕组中任意两根连接电源的导线，则旋转方向就变为反向。

3. 旋转磁场的极数

三相异步电动机的极数就是旋转磁场的磁极数目。旋转磁场的极数和三相绕组的接法有关。在图 2-6 中，每相绕组只有一个线圈，绕组在始末端之间相差 120° 空间角，则产生的旋转磁场具有一对磁极，即 $P=1$（$P$ 是磁极对数）。如将定子绕组每相绕组有两个线圈相串联，绕组的始末端相差 60° 空间角，则产生的旋转磁场具有两对磁极，即 $P=2$。

同理，若要产生三对磁极，即 $P=3$ 的旋转磁场，则每相绕组必须有均匀安排在空间的三个线圈串联，绕组始末端之间相差 40°（即：$\dfrac{120°}{p}$）空间角。

### 4. 旋转磁场的转速

旋转磁场的转速与磁极对数有关。在一对磁极的情况下，由图 2-4 可见，当电流从 $\omega t=0°$ 到 $\omega t=120°$ 经历了 120° 相位角时，磁场在空间转动了 120° 空间角。当电流在旋转磁场具有一对磁极的情况下，电流交变一次，磁场恰好在空间旋转了一转。设电流频率为 $f_1$，即电流每秒钟交变 $f_1$ 次，或每分钟交变 60 $f_1$ 次，则旋转磁场的转速 $n_0=60 f_1$，单位为转每分（r/min）。

在旋转磁场具有两对磁极的情况下，当电流从 $\omega t=0°$ 到 $\omega t=120°$，电流经历了 120° 相位角，磁场在空间转了 60° 空间角，即当电流交变了一次时，磁场旋转了半转，是 $P=1$ 情况的 $\dfrac{1}{2}$，即 $n_0=\dfrac{60 f_1}{2}$。

同理，在三对磁极的情况下，电流交变一次，磁极在空间只旋转三分之一转，是 $P=1$ 情况下的 $\dfrac{1}{3}$，即 $n_0=\dfrac{60 f_1}{3}$。

由以上内容可推知，当旋转磁场具有 $P$ 对磁极时，磁场的转速为：

$$n_0=\dfrac{60 f_1}{p}$$

由此可见，旋转磁场的转速 $n_0$ 取决于电流的频率 $f_1$ 和磁场的磁极对数 $P$。

所以可得出如下结论：

（1）在对称的三相绕组中通入三相电流，可以产生在空间旋转的合成磁场。

（2）磁场旋转方向与电流相序一致。电流相序为 A–B–C 时磁场以顺时针方向旋转；电流相序为 A–C–B 时磁场以逆时针方向旋转。

（3）磁场转速（同步转速）与电流频率有关，改变电流频率可以改变磁场转速。对两极（一对磁极）磁场，电流变化一周，则磁场旋转一周。

同步转速 $n_0$ 与磁场磁极对数 $P$ 的关系为：$n_0 = \dfrac{60f_1}{p}$

## 2.3 三相异步电动机的转动原理

静止的转子与旋转磁场之间有相对运动，在转子导体中产生感应电动势，并在形成闭合回路的转子导体中产生感应电流，其方向用右手定则判定。转子电流在旋转磁场中受到磁场力 $F$ 的作用，$F$ 的方向用左手定则判定。电磁力在转轴上形成电磁转矩，电磁转矩的方向与旋转磁场的方向一致。

电动机在正常运转时，其转速 $n$ 总是稍低于同步转速 $n_0$，因而称为异步电动机。又因为产生电磁转矩的电流是电磁感应所产生的，所以也称为感应电动机。

1. 转子电动势和转子电流

定子绕组通入电流后，产生旋转磁场，与转子绕组间产生相对运动，由于转子电路是闭合的，故产生转子电流。根据左手定则可知在转子绕组上产生了电磁力。

2. 电磁转矩和转子旋转方向

电磁力分布在转子两侧，对转轴形成一个电磁转矩 $T$，电磁转矩的作用方向与电磁力的方向相同，因此转子顺着旋转磁场的旋转方向转动起来，如图 2-7 所示。

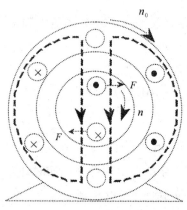

图 2-7 三相异步电动机的转动原理

3. 转子转速和转差率

转差率是指三相异步电动机转子转速 $n$ 与旋转磁场转速 $n_0$ 之间的差别程度。异步电动机同步转速和转子转速的差值与同步转速之比称为转差率，用 $s$ 表示，即：

$$s = \frac{n_0 - n}{n_0} \times 100\%$$

转子转速 $n$ 与旋转磁场的转速 $n_0$ 的方向一致，但不能相等（应保持一定的转差）。转差率是三相异步电动机的一个重要物理量。当转子启动瞬间 $n=0$，$s=1$；当理想空载时 $n=n_0$，$s=0$。所以三相异步电动机在额定运行时的转差率在 0 与 1 之间，即 $0 < s < 1$。通常三相异步电动机的额定转差率在 1% 与 6% 之间。

4. 异步电动机带负载运行轴上加机械负载，轴阻力↑，转速↓，转子与旋转磁场相对切割速度↑，转子感应电流↑，输入电流↑。

例2.1 有一台 4 极感应电动机，电压频率为 50 Hz，转速为 1440 r/min，试求这台感应电动机的转差率。

**解**：因为磁极对数 $P=2$，所以同步转速为：

$$n_0 = \frac{60 f_1}{p} = \frac{60 \times 50}{2} = 1\,500 \text{ r/min}$$

转差率为：

$$s = \frac{n_0 - n}{n_0} \times 100\% = \frac{1\,500 - 1\,440}{1\,500} \times 100\% = 4\%$$

## 2.4　三相异步电动机的电磁转矩和机械特性

1. 旋转磁场对定子绕组的作用

在三相异步电动机的三相定子绕组中通入三相交流电后，即产生旋转磁场。一般而言，旋转磁场按正弦规律变化，即：

$$\Phi = \Phi_m \sin \omega t$$

旋转磁场以同步转速 $n_0 = \dfrac{60 f_1}{p}$ 旋转，而定子绕组不动，因此定子绕组切割旋转磁场产生的感应电动势的频率与电源频率一样，也是 $f_1$。定子绕组相当于变压器的原边绕组一样，产生的感应电动势为：

$$E_1 = 4.44K_1 f_1 N_1 \Phi_m$$

由于定子绕组本身的阻抗压降比电源电压要小得多，故可以近似认为电源电压 $U_1$ 与感应电动势 $E_1$ 相等，即：

$$U_1 \approx E_1 = 4.44K_1 f_1 N_1 \Phi_m$$

2. 旋转磁场对转子的作用

（1）转子电路中的频率

转子旋转后，因为旋转磁场和转子的相对转速为 $n_0-n$，所以转子频率

$$f_2 = \frac{p(n_0 - n)}{60} = \frac{n_0 - n}{n_0} \times \frac{pn_0}{60} = sf_1$$

可见转子的频率 $f_2$ 与转差率 $s$ 有关，也与转子转速 $n$ 有关。

当转子不动时，$n=0$，$s=1$，则 $f_2 = f_1$。

当转子在额定负载时，$s=1\%\sim6\%$，则 $f_2 = 0.5\sim3.0\,\text{Hz}$（ $f_1 = 50\,\text{Hz}$ ）。

（2）转子绕组感应电动势 $E_2$ 的大小

$$E_2 = 4.44K_2 f_2 N_2 \Phi_m = 4.44K_2 N_2 sf_1 \Phi_m$$

当转子不动时，即 $n=0$，$s=1$ 时，转子电动势为：

$$E_{20} = 4.44K_2 N_2 f_1 \Phi_m$$

此时，转子的感应电动势最大。

当转子转动时，$E_2 = sE_{20}$

可见，转子电动势 $E_2$ 与转差率 $s$ 有关。

（3）转子的感抗和阻抗

转子电路的感抗与转子频率 $f_2$ 有关，感抗为：

$$X_2 = 2\pi f_2 L_2 = 2\pi sf_1 L_2$$

当转子不动时，$s=1$，则 $X_2 = 2\pi f_1 L_2$，此时感抗最大。在正常运行时，感抗为：

$$X_2 = sX_{20}$$

所以转子的阻抗为：

$$Z_2 = \sqrt{R_2{}^2 + X_2{}^2} = \sqrt{R_2{}^2 + \left(sX_{20}\right)^2}$$

由以上分析可见，转子的感抗和阻抗都与 $s$ 有关。

（4）转子电路的电流和功率因数

转子每相绕组的电流 $I_2$ 为：

$$I_2 = \frac{E_2}{Z_2} = \frac{sE_{20}}{\sqrt{R_2{}^2 + \left(sX_{20}\right)^2}}$$

转子电路的功率因数 $\cos\varphi_2$ 为：

$$\cos\varphi_2 = \frac{R_2}{Z_2} = \frac{R_2}{\sqrt{R_2{}^2 + \left(sX_{20}\right)^2}}$$

可见，转子的电流和功率因数也与 $s$ 有关。

由上述分析可知，转子电路的各个物理量，如电动势、电流、频率、感抗及功率因数等都与转差率 $s$ 有关，即与转子的转速 $n$ 有关。

## 2.5　三相异步电动机的电磁转矩

稳定运行时，电磁转矩 $T$ 和负载转矩 $T_L$ 必须平衡，即 $T=T_L$。

而负载转矩 $T_L$ 为机械负载转矩 $T_2$ 和空载转矩 $T_0$ 之和，即

$T_L=T_2+T_0$

而空载转矩很小，所以：

$T \approx T_2$

输出机械功率 $P_2$ 与 $T_2$ 之间的关系为：

$$T_2 = \frac{P_2}{\Omega} = \frac{P_2}{\dfrac{2\pi n}{60}} = 9\,550\,\frac{P_2}{n}$$

从电学角度讲，电磁转矩的大小与旋转磁场的磁通量 $\varPhi_m$ 及转子电流 $I_2$ 有关，三相异步电动机的转子不仅有电阻 $R_2$，而且还有感抗 $x_2$ 存在，所以转子电流和感应电动势 $E_2$ 之间存在着相位差，于是转子电流可分解为有功分量 $I_2\cos\varphi_2$ 和无功分量 $I_2\sin\varphi_2$ 两部分。因为电磁转矩是衡量电动

机做功能力的物理量，因此只有转子电流的有功分量 $I_2\cos\varphi_2$ 能与旋转磁场作用产生电磁转矩。故三相异步电动机的电磁转矩也可以表示为：

$$T = K_T \Phi_m I_2 \cos\varphi_2$$

由以上分析可知，电磁转矩除与 $\Phi_m$ 成正比外，还与 $I_2\cos\varphi_2$ 有关。由上述关系式可知：

$$\Phi_m = \frac{E_1}{4.44K_1f_1N_1} \approx \frac{U_1}{4.44K_1f_1N_1} \propto U_1$$

$$I_2 = \frac{sE_{20}}{\sqrt{R_2{}^2 + \left(sX_{20}\right)^2}} = \frac{s\left(4.44K_2f_1N_2\Phi_m\right)}{\sqrt{R_2{}^2 + \left(sX_{20}\right)^2}}$$

$$\cos\varphi_2 = \frac{R_2}{\sqrt{R_2{}^2 + \left(sX_{20}\right)^2}}$$

整理得：

$$T = K\frac{sR_2U_1{}^2}{R_2{}^2 + \left(sX_{20}\right)^2}$$

式中，$K$ 是一个常数。

由以上各式可以看出，电磁转矩 $T$ 与定子每相电压 $U_1$ 的平方成正比，故电源电压的波动对电磁转矩影响较大。此外，电磁转矩还受转子感抗 $X_{20}$ 和电阻 $R_2$ 的影响。

## 2.6 三相异步电动机的机械特性

当电源电压 $U_1$、感抗 $X_{20}$ 和电阻 $R_2$ 为定值时，电磁转矩 $T$ 仅随转差率 $s$ 而变化，即 $T=f(s)$，如图 2-8 所示。

在机械特性曲线中，有三个特殊的转矩、两个特殊的区域，下面分别讨论。

1. 三个特殊转矩

（1）额定转矩 $T_N$

额定转矩是电动机在额定负载时的负载转矩。此时对应的转差率为额

定转差率 $S_N$，电动机的转速为额定转速 $n_N$。当三相异步电动机的负载转矩为额定转矩，即 $T_2=T_N$ 时，可得：

$$T_N = 9\,550\frac{P_N}{n_N}$$

例如，电动机（Y132M-4 型）的额定功率为 7.5kW，额定转速为 1440 r/min，则额定转矩为：

$$T_N = 9\,550\frac{P_N}{n_N} = 9\,550\times\frac{7.5}{1\,440}\text{N}\cdot\text{m} = 49.7\text{N}\cdot\text{m}$$

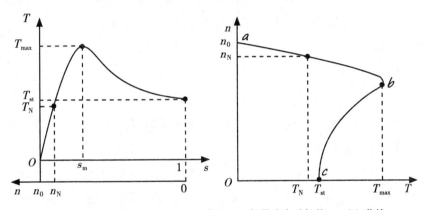

图 2-8　三相异步电动机的 T=f(s) 曲线和三相异步电动机的 n=f(T) 曲线

（2）最大转矩 $T_{max}$

在图 2-8 中，曲线上的转矩有一个最大值，称为最大转矩。

对 T 求导，且令 $\dfrac{\mathrm{d}T}{\mathrm{d}s}=0$，可得：

$$s_m = \frac{R_2}{X_{20}}$$

$$T_{max} = K{U_1}^2\frac{1}{2X_{20}}$$

三相异步电动机的额定转矩 $T_N$ 不能太接近最大转矩 $T_{max}$，否则由于电网电压 $U_1$ 的降低而有可能使电动机的最大转矩 $T_{max}$ 小于电动机轴上所带的负载转矩，从而使电动机停转。因此，$T_N$ 一般要比 $T_{max}$ 小很多，它们的比值称为过载系数 $\lambda$，即：

$$\lambda = \frac{T_{\max}}{T_N}$$

一般的电动机$\lambda$数值在1.8~2.5之间，特殊用途电动机$\lambda$值可达3.3~3.4。

（3）启动转矩$T_{st}$

电动机刚启动（$n=0$，$s=1$）时的转矩称为启动转矩。将$s=1$代入，得：

$$T_{st} = K \frac{R_2 U_1^2}{R_2^2 + X_{20}^2}$$

为使电动机能转动起来，启动转矩$T_{st}$必须大于额定转矩$T_N$。衡量启动转矩的大小，通常用它对额定转矩的比值$T_{st}/T_N$来表示，称为启动能力，用$\lambda_s$表示。三相异步电动机的启动能力一般为1.1~1.8。

2. 两个区域

（1）稳定区

在图2-8中的$ab$段，电动机的负载转矩稍有变化时，电动机能够自动调节平衡，这一段称为稳定区。

因为在这一区域内，当负载转矩$T_L$增大时，在最初瞬间由于$T < T_L$，所以它的转速会下降。由图2-8可知，电动机的转矩将增加，当电动机转矩$T=T_L$时，电动机在新的稳定状态下运行，这时转速较以前变低。同时电动机工作在这一段时，负载转矩变化时，电动机转速变化很小，这也称电动机具有硬的机械特性。

（2）不稳定区

在图2-8中的$bc$段，当电动机负载稍有变化时，电动机自身不能调节平衡，称为不稳定区。

因为在这一区域内，当负载转矩$T_L$增加时，在最初瞬间$T < T_L$，所以它的转速会下降。随着转速的下降，由图2-8可知，电动机的转矩将减小，使$T$与$T_L$的差距越来越大，最后使电动机停车。

## 2.7　三相异步电动机的启动、调速、反转和制动

三相异步电动机的运行是指电动机由启动到制动的整段过程。其中包括启动、调速和制动三个环节。

1. 三相异步电动机的启动

电动机的启动是指电动机从接入电网开始转动到正常运行为止的这一个过程。

三相异步电动机启动时的主要问题是启动电流较大。为减小启动电流，同时要获得适当启动转矩，必须采用适当的启动方法。三相异步电动机的启动方法常用的有两种，即直接启动和降压启动。

（1）直接启动

所谓直接启动即是将电动机定子绕组直接接到额定电压的电网上来启动电动机，又叫全压启动。这种启动方法的主要优点是简单、方便、经济和启动时间短。它的主要缺点是启动电流对电网影响较大，影响其他负载的正常工作。

某台电动机能否正常启动，应视电网的容量（变压器的容量）、启动次数、电网允许干扰的程度及电动机的型号等许多因素决定。通常认为满足下条件之一者可直接启动：

1）容量在 7.5kW 以下的三相异步电动机可直接启动。

2）电动机在启动瞬间造成的电网电压降不大于电网电压正常值的10%，对于不经常启动的电动机可放宽到 15%。

3）也可以用下面经验公式来粗估电动机是否可直接启动。

$$\frac{I_{st}}{I_N} \leqslant \frac{3}{4} + 变压器容量（千伏安）/4 \times 电动机功率（千瓦）$$

若电动机启动电流倍数（$I_{st}/I_N$）满足上式即可直接启动。

（2）Y–△换接降压启动

降压启动就是将电源电压通过一定的电气专用设备，使电源电压降低后再通入电动机绕组中，以减小电动机起动电流的启动方法。鼠笼式三相

异步电动机的降压启动常用星形—三角形启动（Y–△换接启动）。

如果电动机在工作时其定子绕组是接成三角形的，那么在启动时，可把它联成星形，等到转速接近额定值时再换接成三角形，如图 2-9 所示。

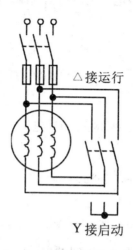

**图 2-9　三相异步电动机的 Y-△换接启动**

设电源的线电压为 $U_1$，电动机定子每相绕组的阻抗为 Z。当电动机定子绕组接成星形启动时，每相绕组所加的电压为 $\dfrac{U_1}{\sqrt{3}}$，启动电流为：

$$I_{1Y} = I_{pY} = \frac{U_1/\sqrt{3}}{|Z|} = \frac{U_1}{\sqrt{3}\,|Z|}$$

如果电动机定子绕组接成三角形启动，则每相绕组的电压为 $U_1$，此时启动电流为：

$$I_{1\triangle} = \sqrt{3}\,I_{p\triangle} = \sqrt{3}\,\frac{U_1}{|Z|} = \frac{\sqrt{3}\,U_1}{|Z|}$$

两种联结方法的启动电流的比值为：

$$\frac{I_{1Y}}{I_{1\triangle}} = \frac{1}{3}$$

即采用此降压法时，启动电流是工作电流的 1/3。

动转矩正比于电压的平方值，所以启动转矩为：

$$T_{stY} = K\left(\frac{U_1}{\sqrt{3}}\right)^2 = \frac{1}{3}KU_1^2 = \frac{1}{3}T_{st\triangle}$$

在启动时将定子绕组连接成星形，通电后电动机运转，当转速升高到接近额定转速时再换接成三角形。适用范围：正常运行时定子绕组是三角形连接，且每相绕组都有两个引出端子的电动机。优点：启动电流为全压启动时的1/3。缺点：启动转矩为全压启动时的1/3。

2. 三相异步电动机的调速

调速就是用人为的方法改变三相异步电动机的转速。

由三相异步电动机转差率公式可得三相异步电动机转速为：

$$n = (1-s)n_0 = (1-s)\frac{60f_1}{p}$$

由上式可看出，要想改变三相异步电动机的转速有三种方法：

一是改变电源的频率；二是改变转差率；三是改变定子绕组的磁极对数。下面分别讨论。

（1）变频调速

我国电力网的交流电源的频率为50 Hz，因此要用改变电源频率$f_1$的调速，就需要专门的变频装置，最常用的变频设备为变频器。变频器主要由晶闸管整流器和晶闸管逆变器组成，整流器先将频率为50 Hz的交流电变换成直流电，再由逆变器变换成频率可调、电压可调的三相交流电，供给三相异步电动机调速用。这种调速方法的调速范围较大，平滑性好，可达到无级调速，并且机械特性较硬。但是需要专门的变频设备，价格较高。

（2）变转差率调速

变转差率调速，适用于绕线式三相异步电动机。转子电路外串电阻后，转子电流$I_2$以及电磁转矩$T$都相应减小。此时$T<T_L$（负载转矩），电动机减速。转差率由$s$增加到$s'$，转子中的感应电动势由$sE_{20}$增加到$s'E_{20}$，于是转子电流$I_2$与电磁转矩$T$又增加，直到$T=T_L$，电动机在一个新的转差率$s'$下达到平衡。

转子电路串接电阻时，调速消耗电能较多，不经济，且机械特性软。

（3）变极调速

在设计三相异步电动机时，必须做到转子绕组的极对数和定子绕组的极对数一致。而鼠笼式三相异步电动机转子的极对数能自动随定子绕组的极对数的改变而改变，具有很好的跟随性，所以可做成多速电动机。

由式 $n_0 = \dfrac{60f_1}{p}$ 可知，如果极对数 $p$ 减少一半，则旋转磁场的转速将提高一倍，转子的转速也差不多提高一倍。因此改变 $p$ 可以得到不同的转速。

3. 三相异步电动机的反转

因为三相异步电动机的转动方向是由旋转磁场的方向决定的，而旋转磁场的转向取决于定子绕组中通入三相电流的相序。因此，要改变三相异步电动机的转动方向非常容易，只要将电动机三相供电电源中的任意两相对调，这时接到电动机定子绕组的电流相序被改变，旋转磁场的方向也被改变，电动机就实现了反转。

4. 三相异步电动机的制动

三相异步电动机的定子绕组在脱离电源后，由于机械惯性作用，需要较长时间才能停止下来。而实际生产中，生产机械往往要求电动机快速、准确地停车，因此需采用一定的制动方法。通常的制动方法有机械制动和电气制动两种。所谓电气制动，就是使三相异步电动机所产生的电磁转矩与转子的转动方向相反，使电动机尽快停车。它所产生的电磁转矩成为制动转矩。三相异步电动机制动通常用以下几种方法。

（1）能耗制动

当三相异步电动机脱离三相电源时，在两相定子绕组上接入一个直流电源，如图 2-10 所示。直流电源在定子绕组中产生一个固定磁场，转子由惯性作用继续沿原来方向转动，这时转子绕组中产生感应电动势，并产生感应电流。转子的感应电流在静止磁场中受安培力作用，从而产生与转动方向相反的转矩，即制动转矩，使电动机减速而很快停车。因为这种方法制动是将动能转变为电能，并消耗在转子回路电阻上，故称为能耗制动。能耗制动的优点是制动力较强，制动较平稳，对电网的影响较小，但需要直流电源。

（2）反接制动

电动机停车时将三相电源中的任意两相对调，使电动机产生的旋转磁场改变方向，电磁转矩方向也随之改变，成为制动转矩。

注意：当电动机转速接近为零时，要及时断开电源防止电动机反转。

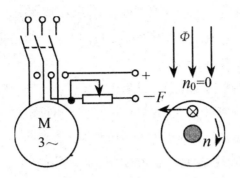

图 2-10 三相异步电动机能耗制动

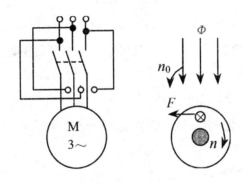

图 2-11 三相异步电动机反接制动

特点：简单，制动效果好，但由于反接时旋转磁场与转子间的相对运动加快，因而电流较大。对于功率较大的电动机制动时必须在定子电路（鼠笼式）或转子电路（绕线式）中接入电阻，用以限制电流。

## 2.8 三相异步电动机的选择

选择三相异步电动机应该从实用、经济与安全的原则出发，正确地选择其类型、功率、电压和转速，其中电动机的功率选择最为重要。

1. 类型的选择

通常生产提供的是三相交流电源，如果对调速性能无特殊要求的情况下，一般选用三相异步电动机。在三相异步电动机中，鼠笼式电动机结构简单，价格便宜，工作可靠，维修方便，但其启动转矩小。因此在一般的生产机械中尽量选择鼠笼式三相异步电动机。在要求启动转矩较高的场合下适用绕线转子三相异步电动机。

从电动机的结构形式上讲，电动机的种类很多，所适用的工作环境也不相同。干燥无尘且通风良好的场所适用开启式电动机；清洁干燥的环境中也可适用防护式电动机；在尘土多、潮湿或含有酸性气体的场所多选用封闭式电动机；在有易燃、易爆气体的场所选用防爆式电动机。

2. 功率选择

电动机功率大小是生产机械决定的。功率选得过小，就不能保证电动机可靠地运行，甚至会因严重过载而烧毁；如果功率选得过大，设备费用增加，且电动机经常在欠载下工作，其效率和功率因数较低，也不经济。因此要选择合适的功率。

（1）长期运行电动机功率选择

对于长期连续运行的电动机，先算出生产机械的功率，所选电动机的额定功率等于或稍大于生产机械功率即可。

如某生产机械的功率为 $P_1$，电动机的功率为

$$P = \frac{P_1}{\eta}$$

式中，$\eta$ 为传动机构的效率。

然后对应产品手册选择一台合适的电动机，其额定功率 $P_N \geq P$。

（2）短时运行电动机功率的选择

短时运行是指电动机的温升在工作期间未达到稳定值，当停止运转时，电动机完全冷却到周围环境的温度。

在选择电动机时，如果没有合适的专为短时运行设计的电动机，可选长期运行的电动机。此时，电动机允许过载，过载系数为 $\lambda$，工作时间越短，则过载越大，但过载量不能无限增大。电动机功率选择为 $P \geq P_1/\lambda$（$\lambda$ 为过载系数）。

3. 电压和转速的选择

三相异步电动机电压的选择要与供电电压一致，一般中小型交流电动机的额定电压为 380 V，只有大型电动机（功率大于 100 kW），可根据条

件和技术选用 3 kV、6 kV 高压电动机。额定功率相同的电动机，转速越高，极对数越少，体积也越小，价格也越便宜。但是电动机是用来拖动生产机械的，而生产机械的转速一般是根据生产工艺的要求来确定。因此选择时应使电动机的转速尽可能接近生产机械的转速。

通常生产机械的转速不低于 500 r/min，因此，在一般情况下都选用四极三相异步电动机，即选用同步转速 $n_0$=1500 r/min 的电动机。

4. 三相异步电动机的使用

合理选择电动机关系到生产机械的安全运行和投资效益。可根据生产机械所需功率选择电动机的容量，根据工作环境选择电动机的结构形式，根据生产机械对调速、启动要求选择电动机的类型，根据生产机械的转速选择电动机的转速。

电动机的绝缘如果损坏，运行中机壳就会带电。一旦机壳带电而电动机又没有良好的接地装置，操作人员接触到机壳时，就会发生触电事故。因此，电动机的安装、使用一定要有接地保护。电源中性点直接接地的系统，采用保护接中性线；电动机密集地，采用中性线重复接地；电源中性点不接地的系统，应采用保护接地。

5. 三相异步电动机的铭牌及接线方法

（1）三相异步电动机的铭牌

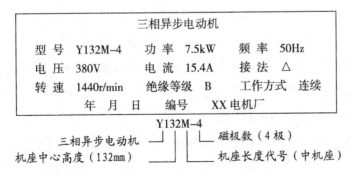

型号：电动机型号一般由产品代号、规格代号、特殊环境代号、补充代号等四部分组成，并按此顺序依次排列。

功率：电动机在铭牌规定条件下正常工作时转轴上输出的机械功率，

称为额定功率。

电压：电动机的额定线电压。

电流：电动机在额定状态下运行时的线电流。

频率：电动机所接交流电源的频率。

转速：额定转速。

（2）三相异步电动机的接线方法

接法是指定子三相绕组的接法。一般鼠笼式电动机接线盒中有六根引线，即 $U_1$、$V_1$、$W_1$、$U_2$、$V_2$、$W_2$。其中，$U_1$、$U_2$ 是第一相绕组的首端、末端；$V_1$、$V_2$ 是第二相绕组的首端、末端；$W_1$、$W_2$ 是第三相绕组的首端、末端。这六个出线端在连接电源之前必须正确连接。连接方式有星形（Y）、三角形（△）接法，如图 2-12（a）和 2-12（b）所示。

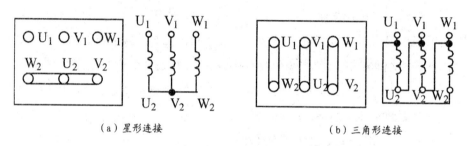

（a）星形连接　　　　　　　　　　　　　（b）三角形连接

图 2-12　三相异步电动机的接线方法

例 2.2　某三相异步电动机，铭牌数据如下：△ 接法，$P_N=10\,kW$，$U_N=380V$，$I_N=19.9\,A$，$n_N=1\,450\,r/min$，$\lambda_N=0.87$，$f=50\,Hz$。求：（1）电动机的磁极对数及旋转磁场转速 $n_1$；（2）电源线电压是 380 V 的情况下，能否采用 Y-△ 方法启动；（3）额定负载运行时的效率 $\eta_N$；（4）已知 $T_{st}/T_N=1.8$，求直接启动时的启动转矩。

解：（1）已知 $n_N=1\,450\,r/min$ 则 $n_1=1\,500\,r/min$

$$p = \frac{60f}{n_1} = 2（对）$$

（2）电源线电压为 380 V 时可以采用 Y-△ 方法启动。

（3）$\eta_N = \dfrac{P_N}{\sqrt{3}\,U_N\,I_N\,\lambda_N} = 0.88$

（4） $T_{\text{st}} = 1.8 T_{\text{N}} = 1.8 \times 9\ 550 \dfrac{P_{\text{N}}}{n_{\text{N}}} = 118.6\ \text{N} \cdot \text{m}$

## 2.9 单相异步电动机

由单相交流电源供电的异步电动机，我们称之为单相异步电动机。单相异步电动机的功率小，主要制成小型电机。它的应用非常广泛，如家用电器（洗衣机、电冰箱、电风扇）、电动工具（如手电钻）、医用器械、自动化仪表等。

单相异步电动机的转子多半是鼠笼式的。定子铁心也是采用硅钢片冲压而成，定子绕组有分布在定子铁心槽内的称为隐极式和集中放在铁心上的称为凸极式两种。

从单相异步电动机的电磁转矩的分析可知，它的启动转矩为零。要想在合上电源时能够自行启动，必须设法产生一个旋转磁场，解决启动转矩为零的问题。单相电动机启动方法与电动机的类型有关。

1. 电容分相电动机

为了产生一个旋转磁场，在单相异步电动机的定子上绕制了两个在空间相差 90° 的绕组。一个是主绕组 AX（又称工作绕组），匝数多。另一个是辅助绕组 BY（又称启动绕组），匝数少，与一个大小适当的电容 C 串联，如图 2–13 所示。

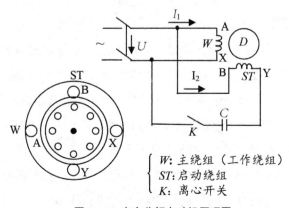

W: 主绕组（工作绕组）
ST: 启动绕组
K: 离心开关

**图 2 – 13 电容分相电动机原理图**

两个绕组支路并连接于同一单相交流电源上，各支路分别流过一交流电流，但电流 $i_2$ 较电压滞后，电流 $i_1$ 比电压超前，两电流约有 $\pi/2$ 的相位差，如图 2-14 所示，此时电动机的定子电流就可产生一个旋转磁场，使电动机转动。

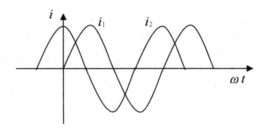

图 2-14　电容分相式电动机主辅绕组电流

单相异步电动机在启动之前，必须使辅助绕组支路接通，否则电动机不能启动。但在启动后，即使把辅助绕组支路断开，电动机仍可继续转动。也就是说，电动机在启动以后，辅助绕组支路可合也可断。启动时开关 K 闭合，使两绕组电流相位差约为 90°，从而产生旋转磁场，电机转起来；转动正常以后离心开关被甩开，启动绕组被切断，而电机仍按原方向继续转动。

2. 罩极式单相异步电动机

罩极电动机的定子制成凸极式磁极，定子绕组套装在这个磁极上，并在每个磁极表面开有一个凹槽，将磁极分成大小两部分，在较小的一部分上套有短路铜环。当定子绕组通入交流电而产生脉动磁场时，由于短路环中感应电流的作用，使通过磁极的磁通分成两个部分，这两部分磁通数量上不相等，在相位上也不同，通过短路环的这一部分磁通滞后于另一部分磁通。这两个磁通在空间上亦相差一个角度，相互合成后会产生一个旋转磁场。鼠笼式转子在这个旋转磁场的作用下产生电磁转矩，从而开始旋转。

如图 2-15 所示，当电流 $i$ 流过定子绕组时，产生了一部分磁通 $\Phi_1$，同时产生的另一部分磁通与短路环作用生成了磁通 $\Phi_2$。由于短路环中感应电流的阻碍作用，使得 $\Phi_2$ 在相位上滞后于 $\Phi_1$，从而在电动机定子极掌上形成一个向短路环方向移动的磁场，使转子获得所需的启动转矩。罩极式单相异步电动机启动转矩较小，转向不能改变，常用于电风扇、吹风机中；电容分相式单相异步电动机的启动转矩大，转向可改变，故常用于洗衣机等电器中。

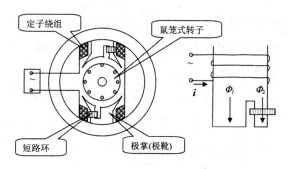

图 2-15　罩极式电动机的结构

## 项目二　三相异步电动机的拆装及维护

### 一、项目目的

1. 加深对三相异步电动机外观、铭牌和接线方式的认识；

2. 掌握三相异步电动机的主要组成部分和简单拆装方法；

3. 掌握三相异步电动机日常维护规程和具体操过程。

### 二. 设备、工具及材料

1. 需要设备：4 kW ~ 7.5 kW 鼠笼式三相异步电动机 1 台。

2. 需要工具：电工钳、电工刀、一字螺丝刀、十字螺丝刀、锤子、木槌、扁铲各 1 把、三爪拉拔器一个、钢（铁）管(φ100 mm)1 个、记号笔 1 只，绝缘电阻表、万用表各 1 块。

3. 需要材料：已安装好的转换开关，螺旋熔断器、接触器、热继电器、按钮、端子排等，并已接好主电路控制板，导线 RV1.5 mm²、RV2.5 mm² 四芯橡胶线各若干米，垫木 1 块，汽油、润滑脂、棉纱各若干，毛刷 1 把，油盘 1 个。

### 三. 操作步骤

（一）准备：学生分组领取工具。

（二）观察记录电动机的铭牌数据，从中归纳总结出电动机的主要技术数据，得出电动机型号的含义。

（三）三相异步电动机的拆装及维护

1. 电动机的拆卸

（1）拆卸皮带轮或联轴器。拆时先在轴承端(或联轴端)做好尺寸标记，松脱皮带轮或联轴器上的定位螺钉或销子，再用专用工具慢慢拉下带轮或联轴器。

（2）拆卸风扇罩和风扇。松开夹紧螺栓，轻轻敲打拆下。

（3）拆卸电动机一端的轴承外盖和端盖。先在机座与端盖接缝处做好标记（以便安装复原时对准），再拆下轴承外盖，松开并拧下端盖的紧固螺钉，轻轻敲打端盖四周（垫上垫木），使其与机座脱离，以便取下。

（4）将另一端的端盖与机座做好标记，拆下端盖上的紧固螺栓，敲打端盖，使之与机座分离（垫上垫木），用手将端盖和转子从定子中抽出，抽出转子时要小心，不要擦伤定子绕组。

（5）将与转子相连的轴承盖紧固螺栓拆下，把轴承盖和端盖逐个从轴上拆除。

2. 对定子、转子进行清扫，用皮老虎或压缩空气吹净灰尘后，用毛刷清扫干净。

3. 更换轴承时，工具使用及拆装方法正确。用专用工具拆卸，对于轴承留在端盖内的情况，可把端盖止口向上，平稳地架在两块铁板上，垫上一段直径小于轴径的金属管敲打，使轴承外圈受力，将轴承敲出；安装时要把有标志的一面朝外。

4. 轴承清洗干净，滑动灵活。

5. 换油时，加入的新润滑脂一般以轴承室容积的 $1/3 \sim 1/2$ 为宜。

6. 电动机组装时，步骤、方法正确，组装步骤与拆卸步骤顺序相反。

7. 绝缘电阻表选用、检查、接线及测量绕组绝缘电阻方法正确。应选用 500 V 绝缘电阻表，使用前应对表针进行检查，方法是在"L"和"E"端开路情况下，摇动手柄，使转速达到 120 r/min，指针指向"∞"；在"L"和"E"短路（相碰）情况下，轻摇手柄，若指针指"0"，说明完好。绝缘电阻表测量接线为：测定子绕组对地（外壳）绝缘电阻时，"E"端钮接外壳，"L"端接绕组一端，对三相绕组分别进行测量。测量三相绕组间绝缘时，"L"和"E"端钮分别接被测两相绕组。上述两种测量的绝缘电阻均应不低于 $0.5 \mathrm{M}\Omega$。

8. 用万用表检查定子绕组方法正确。检查定子绕组，一是检查是否有无绕组断线，二是测量直流电阻（用万用表"R×1"挡，粗略测）。

9. 空载试车接线正确，熔断器选择正确。检查控制板主电路，并与电动机连接，注意接好保护接地线。熔断器熔体按 2.5 倍电动机额定电流选择，热继电器整定值按 1.1 倍额定电流调整，控制电路熔断器熔体按 5 A 选择。

## 四. 项目报告

项目完成后，要求写出项目报告，报告应包含以下内容：

1. 项目目的；所拆装交流异步电动机的铭牌数据和型号含义。

2. 交流电动机的拆卸步骤，问题及解决方案；交流电动机的保养过程。

3. 组装电动机的步骤，问题及解决方案；对本次项目训练的意见及建议。

# 第三章 常用低压电器与
# 继电接触器控制电路

## 3.1 常用低压电器

对电动机和生产机械实现控制和保护的电工设备叫作控制电器。控制电器的种类很多，按其动作方式可分为手动和自动两类。手动电器的动作是由工作人员手动操纵的，如刀开关、组合开关、按钮等。自动电器的动作是根据指令、信号或某个物理量的变化自动进行的，如中间继电器、交流接触器等。

1. 断路器

断路器又称自动空气开关，能在正常电路条件下接通、承载、分断电流，也能在规定的非正常电路条件（例如短路）下接通、承载一定时间和分断电流的一种机械开关电器。典型的低压断路器结构如图 3-1 所示。它主要由触头系统、灭弧装置、保护系统和操作机构组成。低压断路器的主触头一般由耐弧合金（如银钨合金）制成，采用灭弧栅片灭弧，能快速及时地切断高达数十倍额定电流的短路电流。主触头的通断是受自由脱扣器控制的，而自由脱扣器又受操作手柄或其他脱扣器的控制。其工作原理如图 3-2 所示。

自由脱扣机构是一套连杆机构。当操作手柄手动合闸（有些断路器可以电动合闸），即主触头被合闸操作机构闭合后，锁键被锁钩挂住，即自由脱扣机构将主触头锁在合闸位置上。当操作手柄手动跳闸或其他脱扣器动作时，使锁钩脱开（脱扣），弹簧迫使主触头快速断开，称为断路器跳闸。

为扩展功能，除手动跳闸和合闸操作机构外，低压断路器可配置电磁脱扣器（即过电流脱扣器、欠电压脱扣器、分励脱扣器）、热脱扣器、辅助触点、电动合闸操作机构等附件。

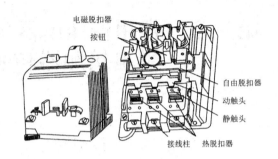

**图 3 - 1 DZ5–20 型低压断路器结构**

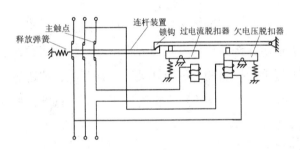

**图 3 - 2 DZ5–20 型低压断路器原理图**

过电流脱扣器的线圈与主电路串联。当电路发生短路时，短路电流流过线圈产生的电磁力迅速吸合衔铁左端，衔铁右端上翘，经杠杆作用，顶开锁钩，从而带动主触头断开主电路（断路器自动跳闸）。所以，在断路器中配置过电流脱扣器，短路时可实现过电流保护功能。

欠电压脱扣器的线圈与电源电路并联。当电源电压正常时，衔铁被吸合；当电路欠电压（包括其所接电源缺相、电压偏低和停电）时，弹簧力矩大于电磁力矩，衔铁释放，使自由脱扣机构迅速动作，断路器自动跳闸。在断路器中配置欠电压脱扣器，实现欠电压保护功能，主要用于电动机的控制。

分励脱扣器的线圈一般与电源电路并联，也可另接控制电源。断路器在正常工作时，其线圈无电压。若按下按钮，使线圈通电，衔铁带动自由脱扣机构动作，使主触头断开，称为断路器电动跳闸。按钮与断路器安装在同一块低压屏(台)上,可实现断路器的现场电动操作。按钮远离断路器,安装在控制室的控制屏上,可实现断路器的远方电动操作。所以,在断路器中配置分励脱扣器,主要目的是为了实现断路器的远距离控制。

热脱扣器的热元件(加热电阻丝)与主电路串联。对三相四线制电路,三相都有配置;对三相三线制电路,可配置两相。当电路过负荷时,热脱扣器的热元件发热使双金属片向上弯曲,经延时推动自由脱扣机构动作,断路器自动跳闸。所以,在断路器中配置热脱扣器,可实现过负荷保护功能。

辅助触点是断路器的辅助件,用于断路器主触头通断状态的监视、联动其他自动控制设备等。

操作手柄主要用于手动跳闸和手动合闸操作,还要以备检修之用。电动合闸操作机构可实现远距离电动合闸,一般容量较大的低压断路器才配置。

正常情况下过电流脱扣器的衔铁是释放着的,严重过载或短路时,线圈因流过大电流而产生较大的电磁吸力,把衔铁往下吸而顶开锁钩,使主触点断开,起过流保护作用。欠电压脱扣器在正常情况下吸住衔铁,主触点闭合,电压严重下降或断电时释放衔铁而使主触点断开,实现欠压保护。电源电压正常时,必须重新合闸才能工作。

## 2. 漏电保护器

漏电保护器为广泛采用的一种防止触电的保护装置。在电气设备中发生漏电或接地故障而人体尚未触及时,漏电保护装置已切断电源;或者在人体已触及带电体时,漏电保护器能在非常短的时间内切断电源,减轻对人体的危害。漏电保护器的种类很多,这里介绍目前应用较多的晶体管放大式漏电保护器。

晶体管放大式漏电保护器的组成及工作原理如图3-3所示,其由零序电流互感器、输入电路、放大电路、执行电路、整流电源等构成。当人体触电或线路漏电时,零序电流互感器原边中有零序电流流过,在其副边产生感应电动势,加在输入电路上,放大管 $V_1$ 得到输入电压后,进入动态放大工作区,$V_1$ 管的集电极电流在 $R_6$ 上产压降,使执行管 $V_2$ 的基极电流下降,$V_2$ 管输入端正偏,$V_2$ 管导通,继电器 KA 流过电流启动,其常闭触头断开，接触器 KM 线圈失电，切断电源。

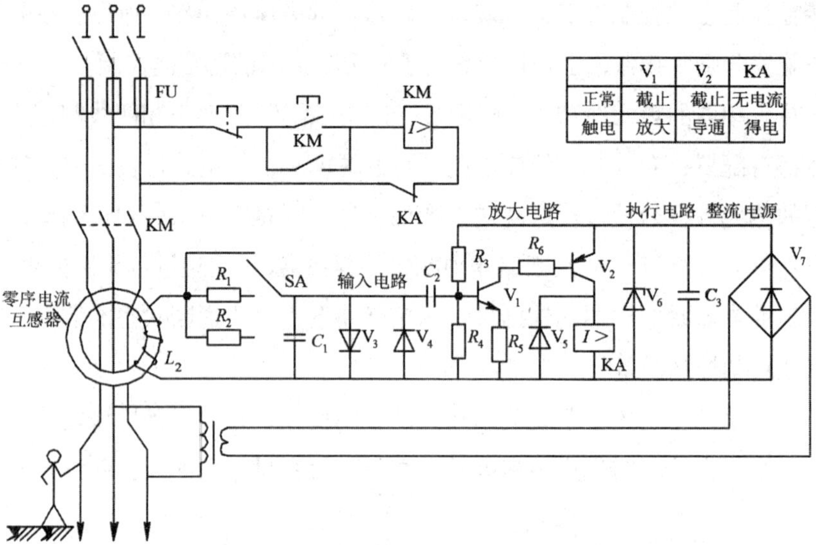

| | V₁ | V₂ | KA |
|---|---|---|---|
| 正常 | 截止 | 截止 | 无电流 |
| 触电 | 放大 | 导通 | 得电 |

图 3 - 3　晶体管放大式漏电保护器原理图

### 3. 熔断器

熔断器是一种广泛应用的简单而有效的保护电器。在使用中，熔断器中的熔体（也称为保险丝）串联在被保护的电路中，当该电路发生过载或短路故障时，如果通过熔体的电流达到或超过了某一值，则在熔体上产生的热量便会使其温度升高到熔体的熔点，导致熔体自行熔断，达到保护的目的。

（1）熔断器的结构与工作原理

熔断器主要由熔体和安装熔体的熔管或熔座两部分组成。熔体由熔点较低的材料如铅、锌、锡及铅做成丝状或片状的锡合金。熔管是熔体的保护外壳，由陶瓷、绝缘钢纸或玻璃纤维制成，在熔体熔断时兼起灭弧作用。

熔断器熔体中的电流为熔体的额定电流时，熔体长期不熔断；当电路发生严重过载时，熔体在较短时间内熔断；当电路发生短路时，熔体能在瞬间熔断。熔体的这个特性称为反时限保护特性，即电流为额定值时长期不熔断；过载电流或短路电流越大，熔断时间越短。由于熔断器对过载反应不灵敏，因此其不宜用于过载保护，主要用于短路保护。

常用的熔断器有瓷插式熔断器和螺旋式熔断器两种，它们的外形结构和符号如图 3-4 和图 3-5 所示。

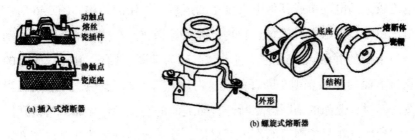

**图 3 - 4　熔断器的外形结构**

FU

**图 3 -5　熔断器的符号**

（2）熔断器的选择

熔断器的选择主要是指选择熔断器的种类、额定电压、额定电流和熔体的额定电流等。熔断器的额定电压应大于或等于实际电路的工作电压，因此确定熔体电流是选择熔断器的主要任务，具体有下列几条原则：

1）电路上、下两级都装设熔断器时，为使两级保护相互配合良好，两极熔体额定电流的比值不小于 1.6：1 。

2）对于照明线路或电阻炉等没有冲击性电流的负载，熔体的额定电流（$I_{fN}$）应大于或等于电路的工作电流（$I_e$），即 $I_{fN} \geq I_e$。

3）保护一台异步电动机时，考虑电动机冲击电流的影响，熔体的额定电流按下式计算：$I_{fN} \geq (1.5\text{~}2.5)I_N$。

4）保护多台异步电动机时，若各台电动机不同时启动，则应按下式计算：$I_{fN} \geq (1.5\text{~}2.5)I_{Nmax} + \sum I_N$

式中，$I_{Nmax}$ 表示容量最大的一台电动机的额定电流；

$\sum I_N$ 表示其余电动机额定电流的总和。

**4. 按钮**

按钮通常用于发出操作信号，接通或断开电流较小的控制电路，以控制电流较大的电动机或其他电气设备的运行。按钮的结构如图 3-6 所示，它由按钮帽、动触点、静触点和复位弹簧等构成。在按钮未按下时，动触点是与上面的静触点接通的，这对触点称为动断（常闭）触点；此时的动触点与下面的静触点则是断开的，这对触点称为动合（常开）触点。当按下按钮帽时，上面的动断触点断开，而下面的动合触点接通；当松开按钮帽时，动触点在复位弹簧的作用下复位，使常闭触点和常开触点都恢复原来的状态。

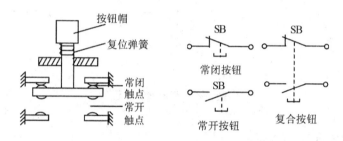

图 3-6　按钮的结构原理及符号

常见的一种双联（复合）按钮由两个按钮组成，一个用于电动机启动，一个用于电动机停止。按钮触点的接触面积都很小，额定电流一般不超过25 A。有的按钮装有信号灯，以显示电路的工作状态。按钮帽用透明塑料制成，兼作指示灯罩。为了标明各个按钮的作用，避免误操作，通常将按钮帽做成不同的颜色，以示区别，其颜色有红、绿、黑、黄、白等。一般以绿色按钮表示启动，红色按钮表示停止。

5. 行程开关

行程开关也称为位置开关，主要用于将机械位移变为电信号，以实现对机械运动的电气控制，其结构原理和外形如图 3-7 和图 3-8 所示。当机械的运动部件撞击触杆时，触杆下移使常闭触点断开，常开触点闭合；当运动部件离开后，在复位弹簧的作用下，触杆回复到原来位置，各触点恢复常态。

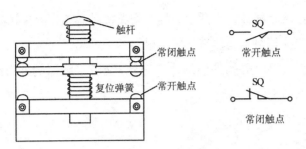

**图 3-7　行程开关的结构原理及符号**

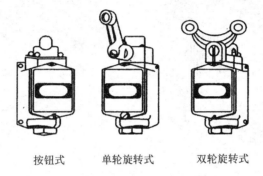

按钮式　　　　单轮旋转式　　　　双轮旋转式

**图 3-8　行程开关外形图**

### 6. 交流接触器

接触器是一种适用于在低压配电系统中远距离控制，频繁操作交、直流主电路及大容量控制电路的自动控制开关电器。主要应用于自动控制交、直流电动机，电热设备，电容器组等设备。

接触器具有强大的执行机构，大容量的主触头及迅速熄灭电弧的能力。当系统发生故障时，能根据故障检测元件所给出的动作信号，迅速、可靠地切断电源，并有低压释放功能。与保护电器组合可构成各种电磁启动器，用于电动机的控制及保护。

接触器的分类有几种不同的方式。如按操作方式分，有电磁接触器、气动接触器和电磁气动接触器；按灭弧介质分，有空气电磁式接触器、油浸式接触器和真空接触器等；按主触头控制的电流种类分，有交流接触器、直流接触器、切换电容接触器等。另外还有建筑用接触器、机械联锁（可逆）接触器和智能化接触器等。其中应用最广泛的是空气电磁式交流接触器和空气电磁式直流接触器，习惯上简称为交流接触器和直流接触器。

以下以交流接触器为例来介绍接触器的相关知识。

（1）交流接触器的外形结构与符号：交流接触器的外形结构与内部主要结构如图3-9所示。

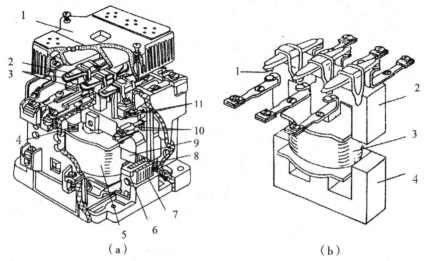

（a）　　　　　　　　　　　　　（b）

图3-9　CJ10-20型交流接触器外形结构及内部主要结构图

（a）图：1-灭弧罩 2-触点压力弹簧片 3-主触点 4-反作用弹簧 5-线圈6-短路环 7-静铁心 8-弹簧 9-动铁心 10-辅助动合触点 11-辅助动断触点

（b）图：1-主触头 2-动铁心 3-电磁线圈 4-静铁心

（2）交流接触器的组成及动作原理

①交流接触器的组成

a.电磁机构

电磁机构用来操作触点的闭合和分断，它由静铁心、线圈和衔铁三部分组成。交流接触器的电磁系统有两种基本类型，即衔铁做绕轴运动的拍合式电磁系统和衔铁做直线运动的直线运动式电磁系统。交流电磁铁的线圈一般采用电压线圈（直接并联在电源电压上、具有较高阻抗的线圈）通以单相交流电，为减少交变磁场在铁心中产生的涡流与磁滞损耗，防止铁心过热，其铁心一般用硅钢片叠铆而成。因交流接触器励磁线圈电阻较小（主要由感抗限制线圈电流），故铜损引起的发热不多，为了增加铁心的散热面积，线圈一般做成短而粗的圆筒形。

b. 主触点和灭弧系统

主触点用以通断电流较大的主电流，一般由接触面积较大的常开触点组成。交流接触器在分断大电流电路时，往往会在动、静触点之间产生很强的电弧，因此容量较大（20A 以上）的交流接触器均装有灭弧罩，有的还有栅片或磁吹灭弧装置。

c. 辅助触点

辅助触点用以通断小电流的控制电路，它由常开触点和常闭触点成对组成。辅助触点不装设灭弧装置，所以它不能用来分合主电路。

d. 反力装置

由释放弹簧和触点弹簧组成，且它们均不能进行弹簧松紧的调节。

e. 支架和底座

用于接触器的固定和安装。

② 交流接触器的动作原理

当交流接触器线圈通电后，在铁心中产生磁通，由此在衔铁气隙处产生吸力，使衔铁产生闭合动作，主触点在衔铁的带动下也闭合，从而接通了主电路。同时衔铁还带动辅助触点动作，使原来打开的辅助触点闭合，并使原来闭合的辅助触点打开。当线圈断电或电压显著降低时，吸力消失或减弱，衔铁在释放弹簧的作用下打开，主、辅助触点又恢复到原来状态。交流接触器动作原理如图 3-10 所示。

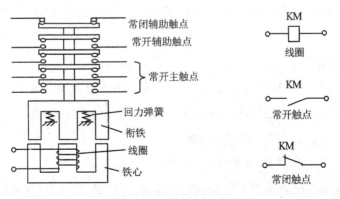

图 3-10　交流接触器动作原理图

（3）交流接触器的选择

① 接触器的类型选择：根据接触器所控制的负载性质来选择接触器的类型。

② 额定电压的选择：接触器的额定电压应大于或等于负载回路的电压。

③ 额定电流的选择：接触器的额定电流应大于或等于被控回路的额定电流。

对于电动机负载可按下列经验公式计算：

$I_c = P_N \times 10^3 / KU_N$

$I_c$ 为接触器主触头电流，单位为 A，$P_N$ 为电动机的额定功率，单位为 $kW$，$U_N$ 为电动机的额定电压，单位为 V，$K$ 为经验系数，一般取 1 ~ 1.4。

选择接触器的额定电流应大于 $I_c$，也可查手册根据其技术数据确定。接触器如使用在频繁启动、制动和正反转的场合时，一般选用降一个等级的额定电流。

④ 吸引线圈的额定电压选择：吸引线圈的额定电压应与所接控制电路的电压相一致。

⑤ 接触器的触头数量、种类选择：其触头数量和种类应满足主电路和控制线路的要求。

（4）接触器常见故障分析

① 触头过热

造成触头发热的主要原因有：触头接触压力不足；触头表面接触不良；触头表面被电弧灼伤、烧毛等。以上原因都会造成触头接触电阻增大，使触头过热。

② 触头磨损

触头磨损有两种情况：一种是电气磨损，由于触头间电弧或电火花的高温，使触头金属汽化和蒸发所造成；另一种是机械磨损，由触头闭合时的撞击、触头表面的滑动摩擦等造成。

③ 线圈断电后触头不能复位

造成线圈断电后触头不能复位的原因有：触头熔焊在一起；铁心剩磁

太大；反作用弹簧弹力不足；活动部分机械上被卡住；铁心端面有油污等。

④ 衔铁震动和噪声

衔铁产生震动和噪声的主要原因有：短路环损坏或脱落；衔铁歪斜或铁心端面有锈蚀、尘垢，使动、静铁心接触不良；反作用弹簧弹力太大；活动部分机械上卡阻而使衔铁不能完全吸合等。

⑤ 线圈过热或烧毁

线圈中流过的电流过大时，就会使线圈过热甚至烧毁。发生线圈电流过大的原因有：线圈匝间短路；衔铁与铁心闭合后有间隙；操作频繁，超过了允许操作频率；外加电压高于线圈额定电压等。

7. 继电器

继电器是一种根据某种物理量的变化，使其自身的执行机构动作的电器。它由输入电路（又称感应元件）和输出电路（又称执行元件）组成。输出电路触点通常接在控制电路中，当输入电路中的输入量（如电流、电压、温度、压力等）变化到某一定值时继电器动作，输出电路便接通或断开控制电路，以达到控制或保护的目的。

继电器的种类很多，通常有以下几种分类方法。

按用途分：控制继电器、保护继电器等；

按动作原理分：电磁式继电器、感应式继电器、热继电器、机械式继电器、电动式继电器、电子式继电器等；

按动作信号分：电流继电器、电压继电器、时间继电器、速度继电器、温度继电器、压力继电器等；

按动作时间分：瞬时继电器、延时继电器。

本节主要讲述热继电器和时间继电器。

（1）热继电器

电动机在实际运行中常遇到过载情况。若电动机过载不大，时间较短，电动机绕组不超过允许温升，这种过载是允许的。但若过载时间长，过载电流大，电动机绕组的温升就会超过允许值，使电动机绕组绝缘老化，缩短电动机的使用寿命，严重时甚至会使电动机绕组烧毁。所以，这种过载是电动机不能承受的。热继电器就是利用电流的热效应原理，在出现电动机不能承受的过载时切断电路，为电动机提供过载保护的保护电器。热继电器可以根据过载电流的大小自动调整动作时间，具有反时限保护特性。即过载电流大，动作时间短；过载电流小，动作时间长；当电动机的工作电流为额定电流时，热继电器应长期不动作。

热继电器主要用于电动机的过载保护、断相保护、电流不平衡运行的保护及其他电气设备发热状态的控制。

① 热继电器的外形结构及符号

热继电器的外形结构如图 3-11（a）所示，图 3-11（b）为热继电器的图形符号，其文字符号为 FR。

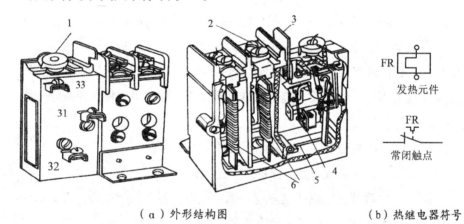

（a）外形结构图                （b）热继电器符号

**图 3-11   热继电器外形结构及符号**

1- 电流整定装置   2- 主电路接线柱   3- 复位按钮   4- 常闭触头   5- 动作机构

6- 热元件   31- 常闭触头接线柱   32- 公共动触头接线柱   33- 常开触头接线柱

② 热继电器的动作原理

热继电器动作原理示意图如图 3-12。使用时，将热继电器的三相热元件分别串接在电动机的三相主电路中，动断触点串接在控制电路的接触器线圈回路中。当电动机过载时，流过电阻丝（热元件）的电流增大，电阻丝产生的热量使金属片向上弯曲，扣板被弹簧拉回，使其动断触点断开，动合触点闭合，接触器触点断开，将电源切除，起过载保护作用。

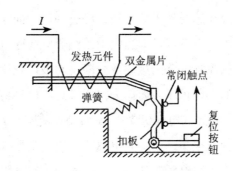

图 3 – 12　继电器动作原理示意图

③ 热继电器的选用

选用热继电器应考虑的因素有：额定电流或热元件的整定电流要求大于被保护电路或设备的正常工作电流。作为电动机保护时，要考虑其型号、规格和特性、正常启动时的启动时间和启动电流、负载的性质等。星形连接的电动机可选两相或三相结构的热继电器；三角形连接的电动机，应选择带断相保护的热继电器。所选用的热继电器的整定电流通常与电动机的额定电流相等。

总之，选用热继电器要注意下列几点：

a. 先由电动机额定电压和额定电流计算出热元件的电流范围，然后选型号及电流等级。例如：电动机额定电流 $I_N = 14.7\,A$，则可选 JR0–40 型热继电器，因其热元件电流 $I_R = 16\,A$。工作时将热元件的动作电流整定在 14.7 A 。

b. 要根据热继电器与电动机的安装条件和环境的不同，将热元件的电流做适当调整。如高温场合，热源间的电流应放大 1.05~1.20 倍。

c. 设计成套电气装置时，热继电器应尽量远离发热电器。

d. 通过热继电器的电流与整定电流之比称之为整定电流倍数，其值越大发热越快，动作时间越短。

e. 对于点动、重载启动、频繁正反转及带反接制动等运行的电动机，一般不用热继电器做过载保护。

（2）时间继电器

继电器感受部分在感受外界信号后，经过一段时间才能使执行部分动作的继电器，叫作时间继电器。即当吸引线圈通电或断电后，其触头经过一定延时再动作，以控制电路的接通或分断。它被广泛用来控制生产过程中按时间原则制定的工艺程序，如作为绕线式异步电动机启动时切断转子电阻的加速继电器，鼠笼式电动机 Y／△ 启动等。

时间继电器的种类很多，主要有电磁式、空气阻尼式、电动式、电子式几大类。延时方式有通电延时和断电延时两种。空气阻尼式时间继电器延时时间有（0.4~180）s 和（0.4~60）s 两种规格，具有延时范围宽、结构简单、工作可靠、价格低廉、寿命长等优点，是交流控制线路中常用的时间继电器。它的缺点是延时误差（±10%~±20%）大，无调节刻度指示，难以精确地整定延时值。在对延时精度要求高的场合，不宜使用这种时间继电器。现在多用电子式时间继电器。

在电气控制线路中现在常用电子式时间继电器进行延时控制。电子式时间继电器是利用半导体器件来控制电容的充放电时间以实现延时功能。电子式时间继电器分晶体管式和数字式两种。常用的晶体管式时间继电器有 JS20 等系列，延时范围有（0.1~180）s、（0.1~300）s、（0.1~3600）s 三种，适用于交流 50 Hz、380 V 及以下或直流 110 V 及以下的控制电路。数字式时间继电器分为电源分频式、RC 振荡式和石英分频式三种，如 JSS14A(DH11S)、JSS26A(DH14S)、JSS48A(DH48S) 系列时间继电器，采用大规模集成电路，LED 显示，数字拨码开关预置，设定方便，工作稳定可靠，设有不同的时间段供选择，可按所预置的时间 (0.01s ～ 99h99 min) 接通或断开电路。

## 3.2　三相异步电动机的直接启动控制

通过开关、按钮、继电器、接触器等电器触点的接通或断开来实现的各种控制叫作继电－接触器控制，这种控制方式构成的自动控制系统称为继电－接触器控制系统。典型的控制环节有点动控制、单向自锁运行控制、正反转控制、行程控制、时间控制等。

　　电动机在使用过程中由于各种原因可能会出现一些异常情况，如电源电压过低、电动机电流过大、电动机定子绕组相间短路或电动机绕组与外壳短路等，如不及时切断电源则可能会对设备或人身带来危险，因此必须采取保护措施。常用的保护环节有短路保护、过载保护、零压保护和欠压保护等，可采取相应的电器安装在线路中实现各种保护功能。

### 1. 点动控制

　　点动控制原理如图 3-15 所示。合上刀开关 QF，按下按钮 SB，接触器 KM 线圈通电，衔铁吸合，常开主触点接通，电动机定子接入三相电源启动运转。松开按钮 SB，接触器 KM 线圈断电，衔铁松开，常开主触点断开，电动机因断电而停转。

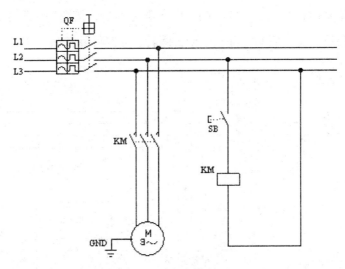

图 3-15　点动控制电气原理图

### 2. 自锁控制

　　自锁控制如图 3-16 所示。启动过程：按下启动按钮 $SB_1$，接触器 KM 线圈通电，与 $SB_1$ 并联的 KM 的辅助常开触点闭合，以保证松开按钮 $SB_1$ 后 KM 线圈持续通电，串联在电动机回路中的 KM 的主触点持续闭合，电动机连续运转，从而实现连续运转控制。

　　停止过程：按下停止按钮 SB₂，接触器 KM 线圈断电，与 SB₁ 并联的 KM 的辅助常开触点断开，以保证松开按钮 SB₂ 后 KM 线圈持续失电，串联在电动机回路中的 KM 的主触点持续断开，电动机停转。

　　与 SB₁ 并联的 KM 的辅助常开触点的这种作用称为自锁。

　　图示控制电路还可实现短路保护、过载保护和零压保护。

　　起过载保护的是热继电器 FR。当过载时，热继电器的发热元件发热，将其常闭触点断开，使接触器 KM 线圈断电，串联在电动机回路中的 KM 的主触点断开，电动机停转。同时 KM 辅助触点也断开，解除自锁。故障排除后若要重新启动，需按下 FR 的复位按钮，使 FR 的常闭触点复位（闭合）即可。

　　起零压（或欠压）保护的是接触器 KM 本身。当电源暂时断电或电压严重下降时，接触器 KM 线圈的电磁吸力不足，衔铁自行释放，使主、辅触点自行复位，切断电源，电动机停转，同时解除自锁。

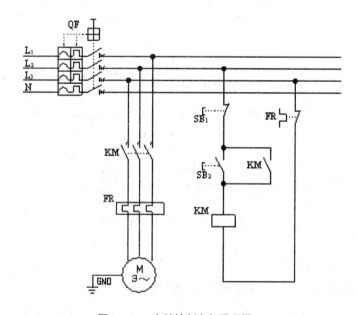

图 3 - 16　自锁控制电气原理图

3. 多地控制

能在两地或多地控制同一台电动机的控制方式叫电动机的多地控制。

如图 3-17，其中 $SB_{11}$、$SB_{12}$ 为安装在甲地的启动按钮和停止按钮；$SB_{21}$、$SB_{22}$ 为安装在乙地的启动按钮和停止按钮。线路的特点是：两地的启动按钮 $SB_{11}$、$SB_{21}$ 要并联接在一起；停止按钮 $SB_{12}$、$SB_{22}$ 要串联接在一起。这样就可以分别在甲、乙两地启动和停止同一台电动机，达到操作方便的目的。

对三地或多地控制，只要把各地的启动按钮并联、停止按钮串联就可以实现。

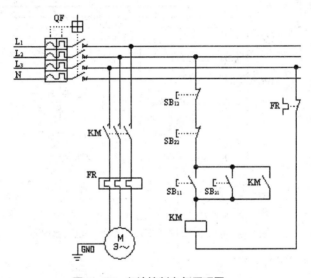

图 3-17　多地控制电气原理图

## 3.3　三相异步电动机的正、反转控制

有些生产机械常要求电动机可以正、反两个方向旋转，由电机学原理可知，只要把通入电动机的电源线中任意两根对调，即相序改变，电动机便反转。

1. 带电气联锁的正、反转控制电路

将接触器 $KM_1$ 的辅助常闭触点串入 $KM_2$ 的线圈回路中，从而保证在 $KM_1$ 线圈通电时 $KM_2$ 线圈回路总是断开的；将接触器 $KM_2$ 的辅助常闭触点串入 $KM_1$ 的线圈回路中，从而保证在 $KM_2$ 线圈通电时 $KM_1$ 线圈回路总是断开的。这样接触器的辅助常闭触点 $KM_1$ 和 $KM_2$ 保证了两个接触器线圈不能同时通电，这种控制方式称为联锁或者互锁，这两个辅助常开触点称为联锁或者互锁触点。电动机正反转控制原理如图 3-18。

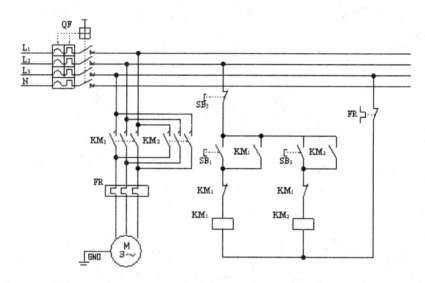

图 3-18  带电气联锁的正、反转控制电路原理图

正向启动过程：

按下 $SB_1$ ━━► $KM_1$ 线圈得电 ━━►{ $KM_1$ 自锁触头闭合自锁 ━━━━► 电动机 M 启动连续正转
$KM_1$ 主触头闭合
$KM_1$ 联锁触头分断对 $KM_2$ 联锁 }

停止过程：

按下 $SB_3$ ━━► $KM_1$ 线圈失电 ━━►{ $KM_1$ 自锁触头分断解除自锁 ━━━━► 电动机 M 停止正转
$KM_1$ 主触头分断
$KM_1$ 联锁触头闭合解除对 $KM_2$ 的联锁 }

反向启动过程：

按下 $SB_2$ ━━► $KM_2$ 线圈得电 ━━►{ $KM_2$ 自锁触头闭合自锁 ━━━━► 电动机 M 启动连续反转
$KM_2$ 主触头闭合
$KM_2$ 联锁触头分断对 $KM_1$ 联锁 }

存在问题：电路在具体操作时，若电动机处于正转状态要反转时，若先去按下反转启动按钮 $SB_2$，电动机不会反转，也不存在主电路短路危险，因此必须先按停止按钮 $SB_3$，使联锁触点 $KM_1$ 闭合后再按下反转启动按钮 $SB_2$ 才能使电动机反转；同理，若电动机处于反转状态要正转时必须先按停止按钮 $SB_3$，使联锁触点 $KM_2$ 闭合后再按下正转启动按钮 $SB_1$ 才能使电动机正转。

2. 同时具有电气联锁和机械联锁的正、反转控制电路

采用复式按钮，将 $SB_1$ 按钮的常闭触点串接在 $KM_2$ 的线圈电路中；将 $SB_2$ 的常闭触点串接在 $KM_1$ 的线圈电路中。这样，无论何时，只要按下反转启动按钮，在 $KM_2$ 线圈通电之前就使 $KM_1$ 断电，从而保证 $KM_1$ 和 $KM_2$ 不同时通电；从反转到正转的情况也是一样。这种由机械按钮实现的联锁也叫机械联锁或按钮联锁，这样就克服了接触器联锁正反转控制线路的不足，在接触器联锁的基础上，又增加了按钮联锁，构成按钮、接触器双重联锁正、反转控制线路，电动机正、反转控制原理如图 3–19。

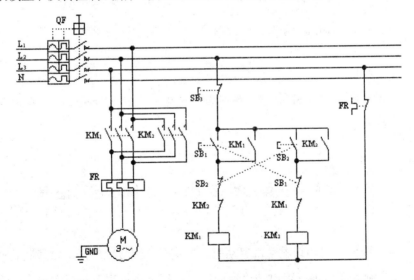

图 3–19　电动机正、反转控制的电气原理图

正向启动过程：

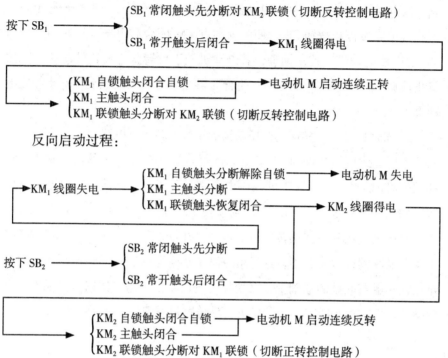

反向启动过程：

停止控制：

若要停止，按下 $SB_3$，整个控制电路失电，主触头分断，电动机 M 失电停止转动。


## 3.4  星形－三角形换接（Y-△）降压启动控制


Y-△降压启动是指电动机启动时，把定子绕组接成星形，以降低启动电压，限制启动电流。待电动机启动后，再把定子绕组改接成三角形，使电动机全压运行。凡是在正常运行时定子绕组作三角形连接的异步电动机，均可采用这种降压启动方法。

时间继电器自动控制 Y-△降压启动电路如图 3-20 所示。该线路由三个接触器、一个热继电器、一个时间继电器和两个按钮组成。时间继电器 KT 用作控制 Y 形降压启动时间和完成 Y–△ 自动切换。

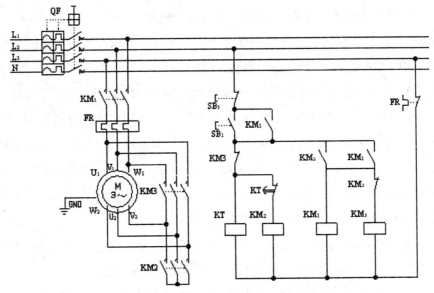

图 3–20　电动机 Y–△降压启动电气原理图

线路的工作原理如下：先合上电源开关 QF。

按下启动按钮 $SB_1$，时间继电器 KT 和接触器 $KM_2$ 同时通电吸合，$KM_2$ 的常开主触点闭合，把定子绕组连接成星形，其常开辅助触点闭合，接通接触器 $KM_1$。$KM_1$ 的常开主触点闭合，将定子接入电源，电动机在星形连接下启动。$KM_1$ 的一对常开辅助触点闭合，进行自锁。经一定延时，KT 的常闭触点断开，$KM_2$ 断电复位，接触器 $KM_3$ 通电吸合。$KM_3$ 的常开主触点将定子绕组接成三角形，使电动机在额定电压下正常运行。与按钮 $SB_1$ 串联的 $KM_3$ 的常闭辅助触点的作用是：当电动机正常运行时，该常闭触点断开，切断了 KT、$KM_2$ 的通路，即使误按 $SB_1$，KT 和 $KM_2$ 也不会通电，以免影响电路正常运行。若要停止，则按下停止按钮 $SB_3$，接触器 $KM_1$、$KM_2$ 同时断电释放，电动机脱离电源停止转动。

**思考与练习**

1. 试画出有指示灯显示的、单向连续启动运行的控制线路图。

2. 某机床的主电动机（鼠笼式三相）为 7.5 kW，380 V，15.4 A，1 440r/min，不需要正反转。工作照明灯是 36 V、40 W。要求有短路、零压及过载保护。试绘出控制线路并选用电器元件。

3. 要求三台鼠笼式三相异步电动机 M1、M2、M3 按照一定顺序启动，即 M1 启动后 M2 才可启动，M2 启动后 M3 才可启动。试绘出控制线路。

4. 两条皮带运输机分别由两台鼠笼式三相异步电动机拖动，由一套起停按钮控制它们的起停。为了避免物体堆积在运输机上，要求电动机按下述顺序启动和停车：启动时，M1 启动后 M2 才随之启动；停止时，M2 停止后 M1 才随之停止。试画出控制电路。

5. 在某加热箱电机控制中，要求引风机先启动，延迟一段时间鼓风机自动启动；鼓风机和引风机一起停止。试画出控制线路图。

6. 画出能在两地分别控制同一台鼠笼式三相异步电动机起停的继电 – 接触器控制电路。

### 项目三　三相异步电动机点动控制、自锁控制和延时控制线路的安装与调试

**一、项目目的**

1. 掌握明配线的安装方法；

2. 了解暗配线的安装方法；

3. 掌握线槽配线的安装方法；

4. 掌握三相异步电动机点动控制、自锁控制和延时控制线路的安装与调试。

**二、设备、工具及材料**

1. 需要设备：三相异步电动机一台。

2. 需要工具：尖嘴钳、钢丝钳、剥线钳、电工刀、活扳手、手电钻、压接钳、手锯等。

3. 需要材料：断路器、接触器、热继电器、时间继电器、按钮、端子排、冷压接线头；5 mm 厚的层压板；导线 RV1.5 mm²、RV2.5 mm² 四芯橡胶线各若干米。

**三、项目评分标准**

项目完成质量评分标准参照国家中级维修电工技能鉴定标准。

| 序号 | 主要内容 | 考核要求 | 评分标准 | 配分 | 扣分 | 得分 |
|---|---|---|---|---|---|---|
| 1 | 元件安装 | 按位置图固定元件 | 布局不匀称每处扣 2 分；漏错装元件每件扣 5 分；安装不牢固每处扣 2 分；扣完为止 | 20 | | |
| 2 | 布线 | 布线横平竖直；接线紧固美观；电源、电动机、按钮要接到端子排上，并有标号 | 布线不横平竖直每处扣 2 分；接线不紧固美观每处扣 2 分；接点松动、反圈、压绝缘层、标号漏错每处扣 2 分；损伤线芯或绝缘层、裸线过长每处扣 2 分；漏接地线扣 2 分；扣完为止 | 40 | | |
| 3 | 通电试车 | 在保证人身和设备安全的前提下，通电试验一次成功 | 一次试车不成功扣 5 分；两次试车不成功扣 10 分；三次试车不成功扣 15 分；扣完为止 | 30 | | |
| 4 | 安全文明生产 | 遵守操作规程 | 违反操作规程按情节轻重酌情扣分 | 10 | | |
| 备注 | | | 合计 | 100 | | |
| | | | 教师签字　　　　年　月　日 | | | |

**四、电动机点动控制、自锁控制和延时控制线路的安装电路图**

1. 明线配盘：三相异步电动机点动控制线路的安装，简图 3–21。

2. 线槽配盘：三相异步电动机自锁控制和延时控制线路的安装，见图 3–22 和 3–23。

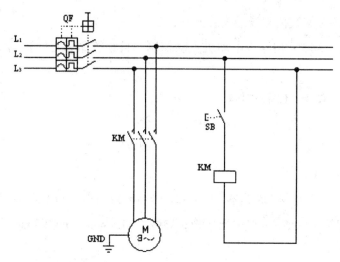

图 3 – 21　三相异步电动机点动控制线路图

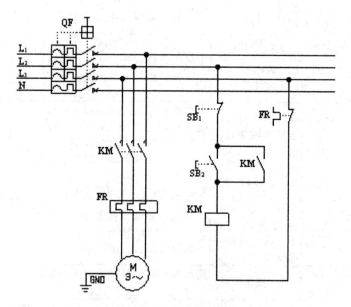

图 3 – 22　三相异步电动机自锁控制线路图

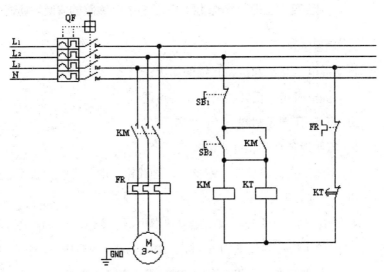

图 3 - 23　三相异步电动机延时控制线路图

## 五、项目报告

项目完成后，要求写出项目报告，报告应包含以下内容：

1. 项目目的；

2. 绘制三相异步电动机点动控制、自锁控制和延时控制的线路图；

3. 绘制三相异步电动机延时控制线路电器元件布局图；

4. 写出三相异步电动机延时控制的控制过程；

5. 简述三相异步电动机延时控制线路的装配过程。

## 项目四　三相异步电动机正、反转控制线路的安装与调试

**一、项目目的**

1. 掌握电气互锁和机械互锁的作用；

2. 掌握电机正、反转线路的安装与调试 。

**二、设备、工具及材料**

1. 需要设备：三相异步电动机一台。

2. 需要工具：尖嘴钳、钢丝钳、剥线钳、电工刀、活扳手、手电钻、压接钳、手锯等。

3. 需要材料：断路器、接触器、热继电器、按钮、端子排、冷压接线头；5 mm 厚的层压板；导线 RV1.5 mm$^2$、RV2.5 mm$^2$ 四芯橡胶线各若干米。

**三. 三相异步电动机正、反转控制线路的安装与调试**

1. 线槽配盘：三相异步电动机正、反转控制线路的安装与调试；

2. 项目考核标准参考项目三。

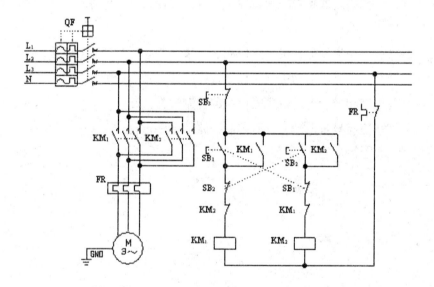

图 3 - 24　三相异步电动机正、反转控制线路图

**四、项目报告**

项目完成后，要求写出项目报告，报告应包含以下内容：

1. 项目目的；

2. 绘制三相异步电动机正、反转控制线路图；

3. 绘制三相异步电动机正、反转控制线路电器元件布局图；

4. 写出三相异步电动机正、反转的控制过程；

5. 简述三相异步电动机正、反转控制线路的装配过程。

## 项目五　工作台自动往返控制线路的安装与调试

### 一、项目目的

1. 掌握行程开关的结构与作用；

2. 掌握工作台自动往返控制线路的安装与调试 。

### 二、设备、工具及材料

1. 需要设备：三相异步电动机一台。

2. 需要工具：尖嘴钳、钢丝钳、剥线钳、电工刀、活扳手、手电钻、压接钳、手锯等。

3. 需要材料：断路器、接触器、热继电器、按钮、行程开关、端子排、冷压接线头；5 mm 厚的层压板；导线 RV1.5 mm$^2$、RV2.5 mm$^2$ 四芯橡胶线各若干米。

### 三、工作台自动往返控制线路的安装与调试

1. 线槽配盘：工作台自动往返控制线路的安装与调试；

2. 项目考核标准参考项目三。

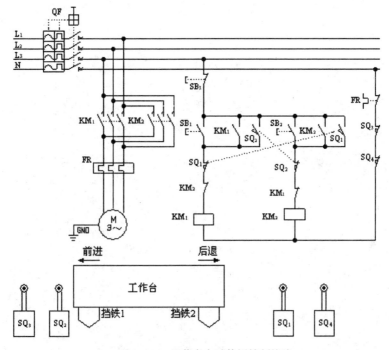

图 3 – 25　工作台自动往返控制线路

### 四、工作台工作过程简述

图 3-25 中，S、$Q_1$、$SQ_2$ 装在机床床身上，用来控制工作台的自动往返，$SQ_3$ 和 $SQ_4$ 用来作终端保护，即限制工作台的极限位置；在工作台的梯形槽中装有挡块，当挡块碰撞行程开关后，能使工作台停止和换向，工作台就能实现往返运动。工作台行程可通过移动挡块位置来调节，以适应加工不同的工件。该线路的工作原理简述如下：

合上电源开关 QF

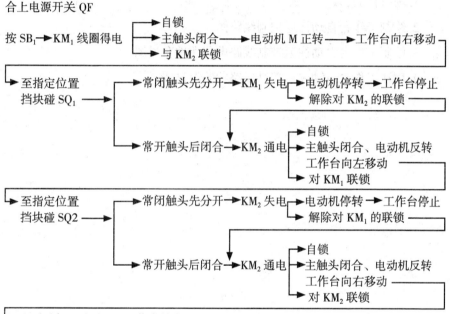

以后重复上述过程，工作台就在一定行程范围内往返运动

图中的 $SQ_3$ 和 $SQ_4$ 分别安装在向右或向左的某个极限位置上。如果 $SQ_1$ 或 $SQ_2$ 失灵时，工作台会继续向右或向左运动，当工作台运行到极限位置时，撞块就会碰撞 $SQ_3$ 和 $SQ_4$，从而切断控制线路，迫使电动机 M 停转，工作台就停止移动，$SQ_3$ 和 $SQ_4$ 这里实际上起终端保护作用，因此称为终端保护开关。

### 五、检测与调试

按 $SB_1$，观察并调整电动机 M 为正转（模拟工作台向右移动），用手代替挡块按压 $SQ_1$，电动机先停转再反转，即可使 $SQ_1$ 自动复位（反转模拟工作台向左移动）；用手代替挡块按压 $SQ_2$ 再使其自动复位，则电动先停转再正转。以后重复上述过程，电机都能正常正反转。若拨动 $SQ_3$ 或 $SQ_4$ 极限位置开关则电机应停转。若不符合上述控制要求，则应分析并排除故障。

### 六、项目报告

项目完成后，要求写出项目报告，报告应包含以下内容：

1. 项目目的；

2. 绘制工作台自动往返控制线路图；

3. 绘制工作台自动往返控制线路电器元件布局图；

4. 简述工作台自动往返控制线路的装配过程。

## 项目拓展一 制药厂压片机控制系统安装与调试

**一、项目目的**

1. 掌握变压器和指示灯的结构、原理和作用；

2. 掌握制药厂压片机控制系统安装与调试。

**二、设备、工具及材料**

1. 需要设备：三相异步电动机一台。

2. 需要工具：尖嘴钳、钢丝钳、剥线钳、电工刀、活扳手、手电钻、压接钳、手锯等。

3. 需要材料：变压器、指示灯、断路器、接触器、接触器辅助触头、热继电器、按钮、端子排、冷压接线头；5 mm 厚的层压板；导线 RV1.5 mm²、RV2.5 mm² 四芯橡胶线各若干米。

**三、制药厂压片机控制系统安装与调试**

1. 线槽配盘：制药厂压片机控制系统安装与调试；

2. 项目考核标准参考项目三。

**四、项目报告**

项目完成后，要求写出项目报告，报告应包含以下内容：

1. 项目目的；

2. 绘制压片机控制线路图；

3. 绘制压片机控制线路电器元件布局图；

4. 简述压片机控制线路的装配过程。

**五、压片机简介**

压片机的主要用途是将各种药物与填料载体的原始粉末状的原料，按照需求制成药片。压片机是制药行业片剂生产中最为关键的核心设备，影响多数的质量指标和经济指标（合格率等）。目前，国内压片机的机型根据冲模数可分为单冲压片机和多冲旋转压片机两大类，根据压片机的结构及旋转方式可分为单冲式压片机、旋转式压片机、亚高速旋转压片机、全自动高速压片机以及旋转式包芯压片机。

单冲压片机仅适用于很小批量的生产和实验室的试制。多冲旋转式压片机是目前生产中广泛使用的压片机，其电气控制方式主要可分为两种：交流接触器控制系统和 PLC 控制系统。

1. 压片机结构

旋转式压片机（如图 3-26 所示）是目前生产中使用最广泛的压片机，主要由传动部件、转台部件、压轮架部件、轨道部件、润滑部件及围罩等组成。一般转台结构为 3 层，上层的模孔中装入上冲杆，中层装中模，下层模孔中装下冲杆。由传动部件带来的动力使转台旋转，在转台旋转的同时，上下冲杆沿着固定的轨道做有规律的上下运动。在上冲杆上面及下冲杆下面的适当位置装着上压轮和下压轮，在上冲杆和下冲杆转动并经过各自的压轮时，被压轮推动，使上冲杆向下、下冲杆向上运动并加压于物料。转台中层台面置有位置固定不动

图 3-26 旋转式压片机

的加料器，物料经加料器源源不断地流入中模孔中。压力调节手轮用来调节下压轮的高度，下压轮的位置高，则压缩时下冲抬的高，上下冲杆之间的距离近，压力大；反之压力就小。片重调节手轮用来调节物料的充填，也即调整中模孔内物料的容积。

2. 交流接触器控制系统组成

断路器、交流接触器、热继电器、控制变压器、启动按钮、停止按钮、三相交流电动机、工作状态指示灯。

3. 电气控制线路图

见图 3-27

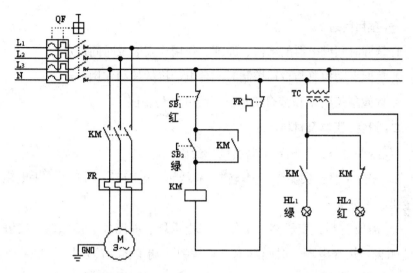

图 3-27　制药厂常用 19 冲、33 冲和 55 冲等压片机电气控制原理图

4. 控制过程如下：

（1）启动压片机

合上电源开关 QF →按下启动按钮 $SB_2$（绿色）→交流接触器 KM 线圈

得电 {
→交流接触器 KM 动合主触头闭合→电动机 M 启动

→交流接触器 KM 动合辅助触头①闭合→交流接触器 KM 实现自锁　→电动机 M 连续运转

→交流接触器 KM 动合辅助触头②闭合→指示灯 $HL_1$ 亮起（绿色）

→交流接触器 KM 动断辅助触头③分断→指示灯 $HL_2$ 熄灭（红色）
}

（2）停止压片机

按下停止按钮 $SB_1$（红色）→交流接触器 KM 线圈失电 {

→交流接触器 KM 动合主触头分断→电动机 M 停止

→交流接触器 KM 动合辅助触头①分断→交流接触器 KM 解除自锁　→电动机 M 停止运转

→交流接触器 KM 动合辅助触头②分断→指示灯 $HL_1$ 熄灭（绿色）

→交流接触器 KM 动断辅助触头③闭合→指示灯 $HL_2$ 亮起（红色）
}

## 项目拓展二　制药厂 V 型混合机控制系统安装与调试

### 一、项目目的

1. 掌握时间继电器的结构、原理、作用、安装及时间设定；

2. 掌握点动控制与自锁控制对一台电动机的控制作用；

3. 掌握制药厂 V 型混合机控制系统安装与调试。

### 二、设备、工具及材料

1. 需要设备：三相异步电动机一台。

2. 需要工具：尖嘴钳、钢丝钳、剥线钳、电工刀、活扳手、手电钻、压接钳、手锯等。

3. 需要材料：变压器、工作状态指示灯、断路器、接触器、接触器辅助触头、热继电器、时间继电器、按钮、端子排、冷压接线头； 5 mm 厚的层压板；导线 RV1.5 mm$^2$、RV2.5 mm$^2$ 四芯橡胶线各若干米。

### 三、制药厂 V 型混合机控制系统安装与调试

1. 线槽配盘：V 型混合机控制系统安装与调试；

2. 项目考核标准参考项目三。

### 四、项目报告

项目完成后，要求写出项目报告，报告应包含以下内容：

1. 项目目的；

2. 绘制 V 型混合机控制线路图；

3. 绘制 V 型混合机控制线路电器元件布局图；

4. 简述 V 型混合机控制线路的装配过程。

### 五. V 型混合机简介

混合机是利用机械力和重力等，将两种或两种以上物料均匀混合起来的机械。混合机械广泛用于各类工业生产中。常用的混合机分为气体和低黏度液体混合器、中高黏度液体和膏状物混合机、热塑性物料混合机、粉状与粒状固体物料混合机四大类。

制药行业常用的混合机主要有：V 型混合机、三维运动混合机、双锥

混合机、槽型混合机等。V 型混合机如图 3-28 所示。

图 3 – 28　制药行业常用 V 型混合机

**1. 控制系统组成**

断路器、交流接触器、热继电器、控制变压器、时间继电器、启动按钮、停止按钮、点动按钮、三相交流电动机、工作状态指示灯。

**2. 电气控制线路图见图 3-29。**

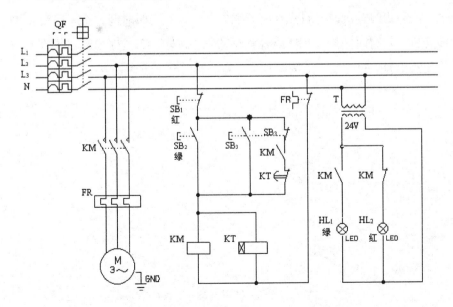

图 3 – 29　制药厂常用 V 型混合机电气控制原理图

3. 控制过程如下：

（1）启动 V 型混合机

合上电源开关 QF →按下启动按钮 $SB_2$（绿色）→交流接触器 KM 线圈

得电 {
→交流接触器 KM 动合主触头闭合→电动机 M 启动

→交流接触器 KM 动合辅助触头①闭合→交流接触器 KM 实现自锁
　　→电动机 M 连续运转

→交流接触器 KM 动合辅助触头②闭合→指示灯 $HL_1$ 亮起（绿色）

→交流接触器 KM 动断辅助触头③分断→指示灯 $HL_2$ 熄灭（红色）
}

（2）停止 V 型混合机

按下停止按钮 $SB_1$（红色）→交流接触器 KM 线圈失电 {

→交流接触器 KM 动合主触头分断→电动机 M 停止

→交流接触器 KM 动合辅助触头①分断→交流接触器 KM 解除自锁
　　→电动机 M 停止运转

→交流接触器 KM 动合辅助触头②分断→指示灯 $HL_1$ 熄灭（绿色）

→交流接触器 KM 动断辅助触头③闭合→指示灯 $HL_2$ 亮起（红色）
}

（3）定时控制

进行定时控制时，首先在时间继电器上设定定时时间，然后启动 V 型混合机，定时时间到，V 型混合机自动停止运转，若这时出料口不在下方将无法出料，此时按点动按钮直到出料口运转到下方时松开点动按钮即可。

# 第四章　PLC 控制技术

## 4.1　PLC 的定义、分类及特点

可编程控制器简称 PLC（Programmable Logic Controller），在 1987 年国际电工委员会（International Electrotednical Commission）颁布的 PLC 标准草案中对 PLC 做了如下定义：PLC 是一种专门为在工业环境下应用而设计的数字运算操作的电子装置。它采用可以编制程序的存储器，用来在其内部存储执行逻辑运算、顺序运算、计时、计数和算术运算等操作的指令，并能通过数字式或模拟式的输入和输出，控制各种类型的机械或生产过程。PLC 及其有关的外围设备都应该按易于与工业控制系统形成一个整体、易于扩展其功能的原则而设计。

一、PLC 的分类

按产地分，可分为日系系列、欧美系列、韩台系列、大陆系列等。其中日系具有代表性的为三菱、欧姆龙、松下、光洋等；欧美系列具有代表性的为西门子、A-B、通用电气、德州仪表等；韩台系列具有代表性的为 LG、台达等；大陆系列具有代表性的为合利时、浙江中控等。

按点数可分为大型机、中型机及小型机等。大型机一般 I/O 点数大于 2048 点，具有多 CPU，支持 16 位和 32 位处理器，用户存储器容量为 8KB~16 KB，具有代表性的为西门子 S7-400 系列、通用公司的 GE-Ⅳ 系列等；中型机一般 I/O 点数为 256~2 048 点，单 / 双 CPU，用户存储器容量为 2KB~8 KB，具有代表性的为西门子 S7-300 系列、三菱 Q 系列等；小型机

一般 I/O 点数小于 256 点，单 CPU，支持 8 位和 16 位处理器，用户存储器容量为 4 KB 以下，具有代表性的为西门子 S7-200 系列、三菱 FX 系列等。本书主要以西门子 S7-200 系列 PLC 为例讲解其应用。

按结构分，可分为整体式和模块式。整体式 PLC 是将电源、CPU、I/O 接口等部件都集中装在一个机箱内，具有结构紧凑、体积小、价格低的特点，小型 PLC 一般采用整体式结构。模块式 PLC 由不同 I/O 点数的基本单元（又称主机）和扩展单元组成。基本单元内有 CPU、I/O 接口、与 I/O 扩展单元相连的扩展口，以及与编程器或 EPROM 写入器相连的接口等；扩展单元内只有 I/O 和电源等，没有 CPU；基本单元和扩展单元之间一般用扁平电缆连接；模块式 PLC 一般还可配备特殊功能单元，如模拟量单元、位置控制单元等，使其功能得以扩展。模块式 PLC 的特点是配置灵活，可根据需要选配不同规模的系统，而且装配方便，便于扩展和维修。大、中型 PLC 一般采用模块式结构。

二、PLC 的特点

1. 可靠性高，抗干扰能力强

高可靠性是电气控制设备的关键性能。PLC 由于采用现代大规模集成电路技术，采用严格的生产工艺制造，内部电路采取了先进的抗干扰技术，具有很高的可靠性。一些使用冗余 CPU 的 PLC 的平均无故障工作时间则更长。从 PLC 的机外电路来说，使用 PLC 构成控制系统，和同等规模的继电—接触器系统相比，电气接线及开关接点已减少到数百甚至数千分之一，故障率也就大大降低。此外，PLC 带有硬件故障自我检测功能，出现故障时可及时发出警报信息。在应用软件中，应用者还可以编入外围器件的故障自诊断程序，使系统中除 PLC 以外的电路及设备也获得故障自诊断保护。

2. 配套齐全，功能完善，适应性强

PLC 发展到今天，已经形成了大、中、小各种规模的系列化产品，可以用于各种规模的工业控制场合。除了逻辑处理功能以外，现代 PLC 大多具有完善的数据运算能力，可用于各种数字控制领域。近年来 PLC 的功能单元大量涌现，使 PLC 渗透到了位置控制、温度控制、CNC 等各种工业控制中。加上 PLC 通信能力的增强及人机界面技术的发展，使用 PLC 组成各种控制系统变得非常容易。

3.易学易用，深受工程技术人员欢迎

PLC 作为通用工业控制计算机，是面向工矿企业的工控设备。它接口容易，编程语言易于为工程技术人员接受。梯形图语言的图形符号与表达方式和继电器电路图相当接近，只用 PLC 的少量开关量逻辑控制指令就可以方便地实现继电器电路的功能。

4.系统的设计、建造工作量小，维护方便，容易改造

PLC 用存储逻辑代替接线逻辑，大大减少了控制设备外部的接线，使控制系统设计及建造的周期大为缩短，同时维护也变得更加容易。更重要的是，PLC 使同一设备通过改变程序进而改变生产过程成为可能。这很适合多品种、小批量的生产场合。

5.体积小，重量轻，能耗低

以超小型 PLC 为例，新近生产的品种底部尺寸小于 100 mm，重量小于 150 g，功耗仅数瓦。由于体积小，使其很容易装入机械内部，是实现机电一体化的理想控制设备。

三、PLC 的应用领域

目前，PLC 在国内外已广泛应用于钢铁、石油、化工、电力、建材、机械制造、汽车、轻纺、交通运输、环保及文化娱乐等各个行业，使用情况大致可归纳为以下几类。

1.开关量的逻辑控制

这是 PLC 最基本、最广泛的应用领域，它取代传统的继电器电路，实现逻辑控制、顺序控制，既可用于单台设备的控制，也可用于多机群控及自动化流水线。如注塑机、印刷机、订书机械、组合机床、磨床、包装生产线、电镀流水线等。

2.模拟量控制

在工业生产过程中，有许多连续变化的量都是模拟量，如温度、压力、流量、液位和速度等。为了使可编程控制器处理模拟量，必须实现模拟量（Analog）和数字量（Digital）之间的 A/D 及 D/A 转换。PLC 厂家都生产配套的 A/D 和 D/A 转换模块，使可编程控制器用于模拟量控制。

### 3. 运动控制

PLC 可以用于圆周运动和直线运动的控制。从控制机构配置来说，早期直接用于开关量 I/O 模块连接位置传感器和执行机构，现在一般使用专用的运动控制模块。如可驱动步进电机或伺服电机的单轴或多轴位置控制模块。

### 4. 过程控制

过程控制是指对温度、压力、流量等模拟量的闭环控制。作为工业控制计算机，PLC 能编制各种各样的控制算法程序，以实现闭环控制。PID 调节是一般闭环控制系统中用得较多的调节方法。大、中型 PLC 都有 PID 模块，目前许多小型 PLC 也具有此功能模块。PID 处理程序是运行专用的 PID 子程序。过程控制在冶金、化工、热处理、锅炉控制等场合有非常广泛的应用。

### 5. 数据处理

现代 PLC 具有数学运算（含矩阵运算、函数运算、逻辑运算）、数据传送、数据转换、排序、查表、位操作等功能，可以完成数据的采集、分析及处理。这些数据可以与存储在存储器中的参考值比较，完成一定的控制操作，也可以利用通信功能传送到其他智能装置，或将它们打印输出。

### 6. 通信及联网

PLC 通信含 PLC 间的通信及 PLC 与其他智能设备间的通信。随着计算机控制的发展，工厂自动化网络发展得很快，各 PLC 厂商都十分重视 PLC 的通信功能，纷纷推出各自的网络系统。新近生产的 PLC 都具有通信接口，通信非常方便。

### 四、PLC 的结构与工作原理

### （一）PLC 的结构

PLC 的类型繁多，功能和指令系统也不尽相同，但结构与工作原理则大同小异，通常由主机、输入/输出接口、电源、编程器、扩展器接口和外部设备接口等几个主要部分组成，如图 4-1 所示。

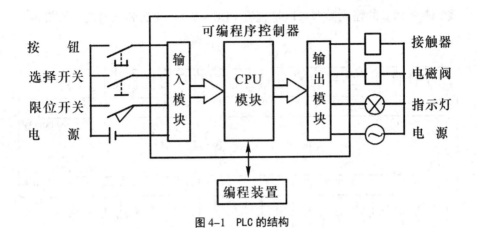

图 4-1　PLC 的结构

1. 主机

主机部分包括中央处理器（CPU）、系统程序存储器和用户程序及数据存储器。CPU 是 PLC 的核心，它用以运行用户程序、监控输入 / 输出接口状态、作出逻辑判断和进行数据处理，即读取输入变量、完成用户指令规定的各种操作，将结果送到输出端，并响应外部设备（如编程器、电脑、打印机等）的请求以及进行各种内部判断等。PLC 的内部存储器有两类，一类是系统程序存储器，主要存放系统管理和监控程序以及对用户程序作编译处理的程序，系统程序已由厂家固定，用户不能更改；另一类是用户程序及数据存储器，主要存放用户编制的应用程序及各种暂存数据和中间结果。

2. 输入 / 输出（I/O）接口

I/O 接口是 PLC 与输入 / 输出设备连接的部件。

输出接口是将经主机处理后的结果通过功放电路去驱动输出设备（如接触器、电磁阀、指示灯等）。输入接口接收来自用户设备的各种控制信号，如限位开关、操作按钮、选择开关、行程开关以及其他一些传感器的信号。通过接口电路将这些信号转换成中央处理器能够识别和处理的信号，并存入输入映像寄存器。为防止各种干扰信号和高电压信号进入 PLC，影响其可靠性或造成设备损坏，现场输入接口电路一般由光电耦合电路进行隔离。光电耦合电路的关键器件是光耦合器，一般由发光二极管和光电三极管组成。通常 PLC 的输入类型可以是直流（DC24V）、交流和交直流，如图 4-2 所示。

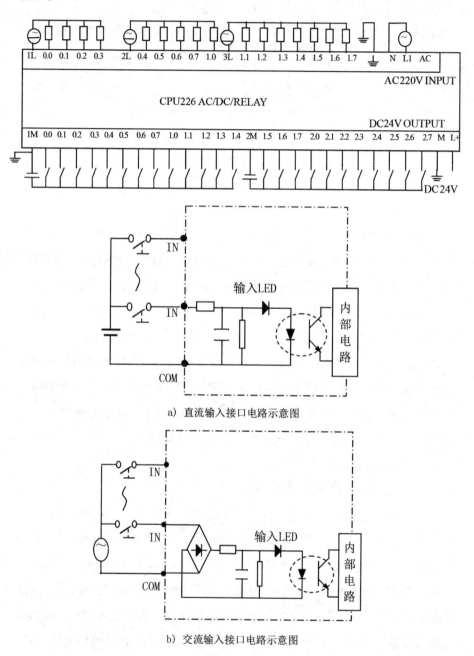

a）直流输入接口电路示意图

b）交流输入接口电路示意图

图 4-2 PLC 直流、交流输入电路图

输出信号类型可以是开关量和模拟量，输出接口电路将其由弱电控制信号转换成现场需要的强电信号输出，以驱动电磁阀、接触器、指示灯等被控设备的执行元件。输出接口电路通常有三种类型：继电器输出型、晶体管输出型和晶闸管输出型，如图 4-3、图 4-4、图 4-5 所示。每种输出电路都采用电气隔离技术，电源由外部提供，输出电流一般为 1.5~2 A。

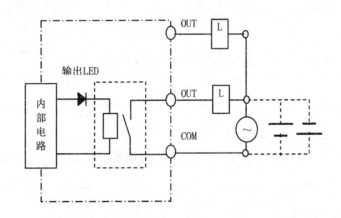

图 4-3　继电器输出接口电路示意图

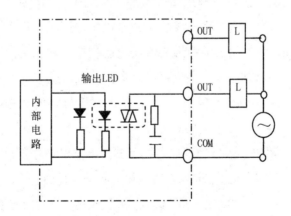

图 4-4　双向晶闸管输出接口电路示意图

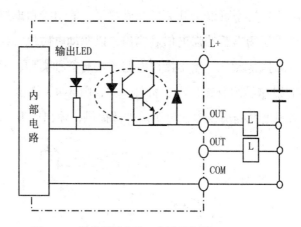

图 4 - 5   晶体管输出接口电路示意图

3. 电源

图 4-1 中的电源是指为 CPU、存储器、I/O 接口等内部电子电路工作所配置的直流开关稳压电源，通常也为输入设备提供直流电源。

4. 编程器

编程器是 PLC 的一种主要的外部设备，用于手持编程，用户可用以输入、检查、修改、调试程序或监视 PLC 的工作情况。除手持编程器外，还可通过适配器和专用电缆线将 PLC 与电脑连接，并利用专用的工具软件进行电脑编程和监控。编程主机可以是台式计算机或笔记本电脑。适配器和专用电缆线有两种选择，最简单的是使用一条 PC/PPI 编程电缆，电缆的一端是 RS485 接口，用于连接 PLC，另一端用于连接电脑，有 RS232 和 USB 两种接口，但 USB 接口的编程电缆不支持上位机与处于自由口方式的 S7-200 通信。另一种是通信卡 + 普通电缆，通信卡是西门子的 CP561X 系列，有 PCI 接口和 PCMCIA 接口可选，这种方案适用于对所有西门子的 PLC 进行编程，价格较高。出于成本的考虑，如果只需要对 S7-200 进行编程，一般采用 PC/PPI 编程电缆。

中国市场上的 S7-200 有两种，一种是标准的 S7-200，另一种是 S7-200CN，两者在硬件和软件上完全兼容，S7-200 和 S7-200CN 的模块可以混合使用。S7-200CN 是中国大陆专用型号，仅限在中国销售使用，出口设备或项目应该选择标准的 S7-200。

5. 输入 / 输出扩展单元

I/O 扩展接口用于连接扩充外部输入 / 输出端子数的扩展单元与基本单元（即主机）。

6. 外部设备接口

接口可将编程器、打印机、条码扫描仪等外部设备与主机相连，以完成相应的操作。

（二）PLC 的工作原理

PLC 是采用"顺序扫描，不断循环"的方式进行工作的。即在 PLC 运行时，CPU 根据用户按照控制要求编制好并存于用户存储器中的程序，按照指令步序号（或地址号）周期性循环扫描，如无跳转指令，则从第一条指令开始逐条顺序执行用户程序，直至程序结束。然后重新返回第一条指令，开始下一轮扫描。在每次扫描过程中，还要完成对输入信号的采样和对输出状态的刷新等工作。

PLC 扫描的一个周期必经输入采样、程序执行和输出刷新三个阶段。

输入采样阶段：首先以扫描方式按顺序将所有暂存在输入锁存器中的输入端子的通断状态或输入数据读入，并将其写入对应的输入状态寄存器中，即刷新输入。随即关闭输入端口，进入程序执行阶段。

程序执行阶段：按用户程序指令存放的先后顺序扫描执行每条指令，执行的结果再写入输出状态寄存器中，输出状态寄存器中所有的内容随着程序的执行而改变。

输出刷新阶段：当所有指令执行完毕，输出状态寄存器的通断状态在输出刷新阶段送至输出锁存器中，并通过一定的方式（继电器、晶体管或晶闸管）输出，驱动相应输出设备工作。

五、S7-200 PLC 的硬件组成

1. S7-200 CPU 的硬件组成

S7-200 CPU 将一个微处理器、一个集成电源和数字量 I/O 点集成在一个紧凑的封装中，从而形成了一个功能强大的微型 PLC，具体见图 4-6：

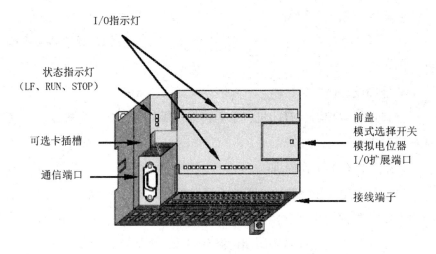

图 4-6 PLC 实物图

S7-200 CPU 模块包括一个中央处理器（CPU）、电源以及 I/O 点，这些都被集成在一个紧凑、独立的设备中。

CPU 负责执行程序和存储数据，以便对工业自动控制任务或过程进行控制。

输入和输出时系统的控制点：输入部分从现场设备中（例如传感器或开关）采集信号，输出部分则控制泵、电机、指示灯以及工业过程中的其他设备。

电源向 CPU 及其连接的任何模块提供电力支持。

通信端口用于连接 CPU 与上位机或其他工业设备。

状态信号灯显示了 CPU 工作模式、本机 I/O 的当前状态，以及检查出的系统错误。

2. S7-200 CPU 的发展及特点

从 CPU 模块的功能来看，SIMATIC S7-200 系列小型可编程控制器发展至今，经历了两代：第一代产品的 CPU 模块为 CPU 21*，现已停产；第二代产品的 CPU 模块为 CPU 22*，是在 21 世纪初投放市场的，其速度快，具有极强的通信能力，以及四种不同结构配置的 CPU 单元。

（1）CPU 221 具有 6 输入 /4 输出，共计 10 个点的 I/O，无扩展能力，有 6 KB 程序和数据存储空间，还具有 4 个独立的 30 kHz 高速计数器，2

路独立的 20 kHz 高速脉冲输出端，1 个 RS-485 通信／编程口，具有 PPI 通信协议、MPI 通信协议和自由通信方式，非常适合小点数的控制系统。

（2）CPU 222 除了具有 CPU 221 的功能外，其不同点在于：它有 8 输入／6 输出，共计 14 点 I/O；可以带两个扩展模块，最多扩展 8 路模拟量和 64 个 I/O，因此是应用更广泛的全功能控制器。

（3）CPU 224 在 CPU 222 的基础上使主机的输入、输出点数增加到 24 点，有 14 输入／10 输出，可以带 7 个扩展模块，最大可扩展为 168 点数字量或 35 点模拟量的输入和输出；存储容量也进一步增加，有内置时钟，还增加了一些数学指令和高速计数器的数量，具有较强的控制能力。

（4）CPU 226 模块在 CPU 224 的基础上功能又进一步增强，有 24 输入／16 输出，主机输入和输出点数增加到 40 点，最大可扩展为 248 点数字量或 35 点模拟量；增加了通信口的数量，通信能力大大增强；可用于点数较多、要求较高的小型或中型控制系统。

3. S7-200 CPU 的输入／输出扩展

输入和输出点是系统与被控制对象的连接点。用户可以使用主机 I/O 和扩展 I/O。S7-200 系列 CPU 提供一定数量的主机数字量 I/O 点，但在主机点数不够的情况下，就必须使用扩展模块的 I/O 点。有时需要完成过程量控制时，可以扩展模拟量的输入／输出模块。当需要完成某些特殊功能的控制任务时，S7-200 主机可以扩展特殊功能模块。所以 S7-200 扩展模块包括数字量输入／输出扩展模块、模拟量输入／输出扩展模块和功能扩展模块。典型的输入／输出模块和特殊功能模块有：

（1）数字量 I/O 扩展模块

S7-200 系列 PLC 目前总共可以提供以下几类数字量输入／输出扩展模块：

输入扩展模块 EM221 有三种：8 点 DC24V 输入；16 点 DC24V 输入；8 点光电隔离输入，交直流通用，可直接输入交流 220V。

输出扩展模块 EM222 有五种：4 点 DC24V 输出；4 点继电器输出；8 点 DC24V 输出；8 点继电器输出；8 点光电隔离晶闸管输出。

输入 / 输出混合扩展模块 EM223 有六种：分别为 4 点、8 点、16 点输入 /4 点、8 点、16 点输出的各种组合，三种为 DC24V 输出，另外三种为继电器输出。

（2）模拟量 I/O 扩展模块

模拟量输入扩展模块 EM231 有 3 种：4 路模拟量输入，输入量程可配置为 4~20mA、0~5V、0~10V、±5V 或 ±10V 等；2 路热电阻输入；4 路热电偶输入。12 位精度。

模拟量输出扩展模块 EM232：具有 2 路模拟量输出。12 位精度。

模拟量输入 / 输出扩展模块 EM235：具有 4 路模拟量输入和 1 路模拟量输出（占用 2 路输出地址）。12 位精度。

（3）功能扩展模块

功能扩展模块有 EM253 位置控制模块、EM277 PROFIBUS–DP 模块、EM241 调制解调器模块、CP243–1 以太网模块和 CP243–2 AS–i 接口模块等。

六、S7–200 内存结构

1. 数字量输入继电器（I）

输入继电器也就是输入映像寄存器，每个 PLC 的输入端子都有一个对应的输入继电器，它用于接收外部的开关信号。输入继电器的状态唯一地由其对应的输入端子的状态决定，在程序中不能出现输入继电器线圈被驱动的情况，只有当外部的开关信号接通 PLC 的相应输入端子的回路，则对应的输入继电器的线圈"得电"，在程序中其常开触点闭合，常闭触点断开。这些触点可以在编程时任意使用，使用数量（次数）不受限制。

所谓输入继电器的线圈"得电"，事实上并非真的有输入继电器的线圈存在，这只是一个存储器的操作过程。在每个扫描周期的开始，PLC 对各输入点进行采样，并把采样值存入输入映像寄存器。PLC 在接下来的本周期各阶段不再改变输入映像寄存器中的值，直到下一个扫描周期的输入采样阶段。

需要特别注意的是，输入继电器的状态唯一地由输入端子的状态决定，输入端子接通则对应输入继电器得电动作，输入端子断开则对应输入继电器断电复位。在程序中试图改变输入继电器状态的所有做法都是错误的。

数字量输入继电器用"I"表示，输入映像寄存器区属于位地址空间，范围为 I0.0~I15.7，可进行位、字节、字、双字操作。实际输入点数不能超过这个数量，未用的输入映像寄存器区可以做为其他编程元件使用，如可以当做通用辅助继电器或数据寄存器，但这只有在寄存器的整个字节的所有位都未占用的情况下才可使用，否则会出现错误执行结果。

2. 数字量输出继电器（Q）

输出继电器也就是输出映像寄存器，每个 PLC 的输出端子都有一个对应的输出继电器。当通过程序使得输出继电器线圈"得电"时，PLC 上的输出端开关闭合，它可以做为控制外部负载的开关信号。同时在程序中其常开触点闭合，常闭触点断开。这些触点可以在编程时任意使用，使用次数不受限制。

数字量输出继电器用"Q"表示，输出映像寄存器区属于位地址空间，范围为 Q0.0~Q15.7，可进行位、字节、字、双字操作。实际输出点数不能超过这个数量，未用的输出映像区可做他用，用法与输入继电器相同。在 PLC 内部，输出映像寄存器与输出端子之间还有一个输出锁存器。在每个扫描周期的输入采样、程序执行等阶段，并不把输出结果信号直接送到输出锁存器，而只是送到输出映像寄存器，只有在每个扫描周期的末尾才将输出映像寄存器中的结果信号几乎同时送到输出锁存器，对输出点进行刷新。

另外需要注意的是，不要把继电器输出型的输出单元中的真实的继电器与输出继电器相混淆。

3. 通用辅助继电器（M）

通用辅助继电器如同电器控制系统中的中间继电器，在 PLC 中没有输入、输出端与之对应，因此通用辅助继电器的线圈不直接受输入信号的控制，其触点也不能直接驱动外部负载。所以，通用辅助继电器只能用于内部逻辑运算。

通用辅助继电器用"M"表示，通用辅助继电器区属于位地址空间，范围为 M0.0~M31.7，可进行位、字节、字、双字操作。

4. 特殊标志继电器（SM）

有些辅助继电器具有特殊功能或存储系统的状态变量、相关的控制参数和信息，我们称之为特殊标志继电器。用户可以通过特殊标志来沟通 PLC 与被控对象之间的信息，如可以读取程序运行过程中的设备状态和运算结果信息，利用这些信息，通过程序实现一定的控制动作。用户也可通过直接设置某些特殊标志继电器位来使设备实现某种功能。

特殊标志继电器用"SM"表示，特殊标志继电器区根据功能和性质不同具有位、字节、字和双字操作方式。其中 SMB0、SMB1 为系统状态字，只能读取其中的状态数据，不能改写，可以位寻址。系统状态字中部分常用的标志位说明如下：

SM0.0：始终接通；

SM0.1：首次扫描为 1，以后为 0，常用来对程序进行初始化；

SM0.2：当机器执行数学运算的结果为负时，该位被置 1；

SM0.3：开机后进入 RUN 方式，该位被置一个扫描周期；

SM0.4：该位提供一个周期为 1 分钟的时钟脉冲，30 秒为 1，30 秒为 0；

SM0.5：该位提供一个周期为 1 秒钟的时钟脉冲，0.5 秒为 1，0.5 秒为 0；

SM0.6：该位为扫描时钟脉冲，本次扫描为 1，下次扫描为 0；

SM1.0：当执行某些指令，其结果为 0 时，将改位置 1；

SM1.1：当执行某些指令，其结果溢出或为非法数值时，将改位置 1；

SM1.2：当执行数学运算指令，其结果为负数时，将改位置 1；

SM1.3：试图除以 0 时，将改位置 1；

其他常用特殊标志继电器的功能可以参见 S7-200 系统手册。

5. 变量存储器（V）

变量存储器用来存储变量。它可以存放程序执行过程中控制逻辑操作的中间结果，也可以使用变量存储器来保存与工序或任务相关的其他数据。

变量存储器用"V"表示，变量存储器区属于位地址空间，可进行位操作，但更多的是进行字节、字、双字操作。变量存储器也是 S7-200 中空间最大的存储区域，所以常用来进行数学运算和数据处理，存放全局变量数据。

6. 局部变量存储器（L）

局部变量存储器用来存放局部变量。局部变量与变量存储器所存储的全局变量十分相似，主要区别是全局变量是全局有效的，而局部变量是局部有效的。全局有效是指同一个变量可以被任何程序（包括主程序、子程序和中断程序）访问；而局部有效是指变量只与特定的程序相关联。

S7–200 PLC 提供 64 个字节的局部存储器，其中 60 个字节可以做暂时存储器或给子程序传递参数。主程序、子程序和中断程序在执行时均有 64 个字节的局部存储器供其使用。不同程序的局部存储器不能互相访问。机器在运行时，根据需要动态地分配局部存储器：在执行主程序时，分配给子程序或中断程序的局部变量存储区是不存在的，当子程序调用或出现中断时，需要为之分配局部存储器，新的局部存储器可以是曾经分配给其他程序块的同一个局部存储器。

局部变量存储器用"L"表示，局部变量存储器区属于位地址空间，可进行位操作，也可以进行字节、字、双字操作。

7. 顺序控制继电器（S）

顺序控制继电器用在顺序控制和步进控制中，它是特殊的继电器。有关顺序控制继电器的使用请阅读本章后续相关内容。

顺序控制继电器用"S"表示，顺序控制继电器区属于位地址空间，可进行位操作，也可以进行字节、字、双字操作。

8. 定时器（T）

定时器是可编程控制器中重要的编程元件，是累计时间增量的内部器件。自动控制的大部分领域都需要用定时器进行定时控制，灵活地使用定时器可以编制出动作复杂的控制程序。

定时器的工作过程与继电接触器控制系统的时间继电器基本相同，使用时要提前输入时间预置值。当定时器的输入条件满足要求时开始计时，当前值从 0 开始按一定的时间单位增加；当定时器的当前值达到预置值时，定时器动作，此时它的常开触点闭合，常闭触点断开。利用定时器的触点就可以通过延时时间实现各种控制规律或动作。

9. 计数器（C）

计数器用来累计内部事件的次数。可以用来累计内部任何编程元件动作的次数，也可以通过输入端子累计外部事件发生的次数，它是应用非常广泛的编程元件，经常用来对产品进行计数或进行特定功能的编程。使用时要提前输入它的设定值 ( 计数的个数 )。当满足输入触发条件时，计数器开始累计其输入端脉冲电位跳变 ( 上升沿或下降沿 ) 的次数；当计数器计数达到预定的设定值时，其常开触点闭合，常闭触点断开。

10. 模拟量输入映像寄存器 (AI)、模拟量输出映像寄存器 (AQ)

模拟量输入电路用以实现模拟量 / 数字量 (A/D) 之间的转换，而模拟量输出电路用以实现数字量 / 模拟量 (D/A) 之间的转换，PLC 处理的是其中的数字量。

在模拟量输入 / 输出映像寄存器中，数字量的长度为 1 字长 (16 位 )，且从偶数号字节进行编址来存取转换前后的模拟量值，如 0、2、4、6、8。编址内容包括元件名称、数据长度和起始字节的地址，模拟量输入映像寄存器用 AI 表示、模拟量输出映像寄存器用 AQ 表示，如：AIW10，AQW4 等。

PLC 对这两种寄存器的存取方式有所不同，模拟量输入寄存器只能做读取操作，而对模拟量输出寄存器只能做写入操作。

11. 高速计数器 (HC)

高速计数器的工作原理与普通计数器基本相同，它用来累计比主机扫描速率更快的高速脉冲。高速计数器的当前值为双字长 (32 位 ) 的整数，且为只读属性。

高速计数器的数量很少，编址时只用名称 HC 和编号，如：HC2。

12. 累加器 (AC)

S7–200 PLC 提供 4 个 32 位累加器 (AC)，分别为 AC0、AC1、AC2、AC3，累加器是用来暂存数据的寄存器。它可以用来存放数据，如运算数据、中间数据和结果数据，也可用来向子程序传递参数，或从子程序返回参数。使用时只表示出累加器的地址编号，如 AC0。

累加器可进行读、写两种操作，在使用时只出现地址编号。累加器可用长度为 32 位，但实际应用时，数据长度取决于进出累加器的数据类型。

七、PLC 寻址方式

PLC 中的数据采用二进制表示法，数据的最小计数单位是一个二进制位，S7-200 中的数据有位、字节、字和双字四种长度，如表 4-1 所示。I、Q、V、M、S、L、SM 均可以按位、字节、字和双字来进行寻址，可寻址的 PLC 内存空间主要有物理点（I、Q、AI、AQ）和中间变量（V、M、S、L）两部分。

表 4-1　PLC 中的数据的格式、长度、类型及取值范围

| 寻址格式 | 数据长度（二进制位） | 数据类型 | 取值范围 |
|---|---|---|---|
| BOOL（位） | 1 | 布尔数 | 真（1）；假（0） |
| BYTE（字节） | 8 | 无符号整数 | 0 ~ 255 |
| INT（整数） | 16 | 有符号整数 | − 32 768 ~ 32 767 |
| WORD（字） | | 无符号整数 | 0 ~ 65 535 |
| DINT（双整数） | 32 | 有符号整数 | −2 147 483 648 ~ 2 147 483 647 |
| DWORD（双字） | | 无符号整数 | 0 ~ 4 294 967 295 |
| REAL（实数） | | 单精度浮点数 | +1.175 495E−38 ~ +3.402 823E+38（正数）<br>−3.402 823E+3 ~ −1.175 495E−38（负数） |

1. 位寻址

位寻址的格式：内存区域标识 + 字节编号 + 位编号。

字节是存储区域大小的单位，如果存储区域的大小为 n 个字节，那么有效的字节编号为 0~n−1，一个字节有 8 个位，位编号从 0 到 7。

例如 V100.0：表示 V 区第 100 号字节的 0 号位。

2. 字节寻址

字节寻址的格式：内存区域标识 +B+ 字节编号 。

例如 VB100：表示 V 区第 100 号字节，VB100 包含 8 个位，地址 VB100.0~VB100.7。

3. 字寻址

字寻址格式：内存区域标识 + 字编号。

一个字包含两个字节，因为字的第一个编号是 0，所以有效的字编号是偶数，如果存储区域大小为 n 个字节，那么有效的字编号为 0、2、4、6……n−2。

例如 VW100：表示 V 区第 100 号字，VW100 包含 2 个字节：VB100 和 VB101。

4. 双字寻址

双字寻址格式：内存区域标识 + 字编号。

一个双字包含四个字节，因为双字的第一个编号是 0，所以有效的字编号是 4 的整倍数，如果存储区域大小为 n 个字节，那么有效的字编号为：0、4、8、12……n-4。

例如 VD100：表示 V 区第 100 号双字，VD100 包含两个字：VW100 和 VW102，或者可以说包含四个字节：VB100~VB103，如表 4-2 所示。

表 4-2　PLC 寻址方式

| 最高位 MSB(31) | | | 最低位 LSB(0) |
|---|---|---|---|
| 最高有效字节 VB100 | | | 最低有效字节 VB103 |
| VB100 | VB101 | VB102 | VB103 |
| VW100 | | VW102 | |
| VD100 | | | |

5. 本地 I/O 和扩展 I/O 的寻址

S7-200 PLC 对 I/O 有规定的寻址原则。每一种 CPU 模块都具有固定的数字量 I/O 数量，称为本地 I/O，本地 I/O 具有固定的地址，地址号分别从 I0.0 和 Q0.0 开始，连续编号。

在扩展模块链中，对于同类型的 I/O 模块而言，模块的 I/O 地址取决于 I/O 类型和模块在 I/O 链中的位置。例如，输出模块不会影响输入模块上点的地址，反之亦然；模拟量模块不会影响数字量模块上的地址，反之亦然。数字量模块总是保留以 8 位（1 个字节）递增的映像寄存器地址空间，如果 CPU 模块或连接在前面的同类型的模块没有给保留字中每一位提供相应的物理 I/O 点，则那些未用的位不能分配给 I/O 链中的后续模块，地址要从紧接着的下一个字节开始编号。模拟量的转换精度为 12 位，用一个字（2 个字节）来表示，所以模拟量扩展模块总是以 2 字节递增的方式来分配地址空间，如图 4-7 所示。

| CPU226 24DI/16DO | | EM221 8DI | EM235 4AI/1AO | EM223 4DI/4DO | | EM231 4AI | EM223 8DI/8DO | |
|---|---|---|---|---|---|---|---|---|
| I0.0 | Q0.0 | I3.0 | AIW0 | I4.0 | Q2.0 | AIW8 | I5.0 | Q3.0 |
| I0.1 | Q0.1 | I3.1 | AIW2 | I4.1 | Q2.1 | AIW10 | I5.1 | Q3.1 |
| \| | \| | I3.2 | AIW4 | I4.2 | Q2.2 | AIW12 | I5.2 | Q3.2 |
| \| | \| | I3.3 | AIW6 | I4.3 | Q2.3 | AIW14 | I5.3 | Q3.3 |
| \| | \| | I3.4 | AQW0 | | | AQW4 | I5.4 | Q3.4 |
| I2.5 | Q1.5 | I3.5 | | | | | I5.5 | Q3.5 |
| I2.6 | Q1.6 | I3.6 | | | | | I5.6 | Q3.6 |
| I2.7 | Q1.7 | I3.7 | | | | | I5.7 | Q3.7 |

图 4-7　CPU226 扩展模块寻址

## 4.2　可编程控制器程序设计语言

S7-200 采用经典的三程序结构：主程序，子程序和中断程序。用户程序用"程序类型 + 编号"的方式标识，如 OB1、SBR0、INT0，程序名称是由系统自动生成的。

主程序有且只有一个，是 PLC 每个扫描周期中唯一被直接执行的程序，主程序用 OB1 标识。

子程序可以有很多个，子程序在 PLC 的扫描周期中不会被直接执行，要执行某个子程序必须在主程序中使用子程序调用指令来执行该子程序，可以在一个子程序中调用另一个子程序形成嵌套，但是不可以自己调用自己形成递归，这一点与高级语言编程是不同的。S7-200 最大允许嵌套 8级子程序。子程序用"SBR+ 编号"来标识，如 SBR0、SBR1。CPU224 及以下型号的 PLC 最多有 64 个子程序，子程序有效名称为 SBR0~SBR63，CPU226 最多有 128 个子程序，子程序有效名称为 SBR0~SBR127。采用模块化的编程方式，将一部分功能移至子程序中，不仅可以使程序结构清晰便于修改，还可以把实现某些固定功能的程序封装成子程序，便于移植和重复使用。

中断程序是一类特殊的子程序，它不可以在程序中直接调用，而是采用触发的方式，由系统在满足触发条件时自动调用。中断程序享有最高的优先权，只要满足中断条件，PLC 会立即停下正在执行的任务去执行中断程序，在中断程序执行完后才返回刚才被中断的地方接着运行下去。被中断的任务可以是 PLC 计划表的任意一个步骤，而不仅仅是执行中的用户程序。中断程序用"INT+ 编号"来标识，如 INT0、INT1。S7-200 CPU 最多有 128 个中断程序，中断程序有效名称为 INT0~INT127。中断服务程序不能再被中断。中断程序执行时，如果再有中断事件发生，会按照发生的时间顺序和优先级排队。中断服务程序执行到末尾会自动返回，也可以由逻辑控制中途返回。中断程序不能嵌套，在中断程序中只能调用一层子程序，中断程序中的子程序不能嵌套，否则会出错。中断程序应短小而简单，执行时对其他处理不要延时过长，即越短越好。

在可编程控制器中有多种程序设计语言，它们是梯形图、语句表、顺序功能流程图、功能块图等。供 S7-200 系列 PLC 使用的 STEP7-Micro/Win32 编程软件可使用梯形图、语句表、功能块图编程语言进行编程。

梯形图和语句表是基本程序设计语言，它通常由一系列指令组成，用这些指令可以完成大多数简单的控制功能。例如，代替继电器、计数器、计时器完成顺序控制和逻辑控制等，通过扩展或增强指令集，它们也能执行其他的基本操作。

1. 梯形图（Ladder Diagram）程序设计语言

梯形图程序设计语言是最常用的程序设计语言，来源于继电器逻辑控制系统的描述。在工业过程控制领域，电气技术人员对继电器逻辑控制技术较为熟悉，因此，由这种逻辑控制技术发展而来的梯形图受到了欢迎，并得到了广泛应用。梯形图与操作原理图相对应，具有直观性和对应性等特点。与原有的继电器逻辑控制技术不同的是，梯形图中的能流不是实际意义的电流，内部的继电器也不是实际存在的继电器，因此，在应用时需与原有继电器逻辑控制技术的有关概念区别对待。

2. 语句表（Statement List）程序设计语言

语句表程序设计语言是用布尔助记符来描述程序的程序设计语言。语句表程序设计语言与计算机中的汇编语言非常相似，采用布尔助记符来表示操作功能。

语句表程序设计语言具有下列特点：

（1）采用助记符来表示操作功能，具有容易记忆、便于掌握的特点；

（2）在编程器的键盘上采用助记符表示，具有便于操作的特点，可在无计算机的场合进行程序设计；

（3）用编程软件可以将语句表与梯形图相互转换。

3. 顺序功能流程图（Sequential Function Chart）程序设计

顺序功能流程图程序设计是近年来发展起来的一种程序设计。采用顺序功能流程图的描述，控制系统被分为若干个子系统，从功能入手，使系统的操作具有明确的含义，便于设计人员和操作人员沟通设计思想，便于程序的分工设计和检查调试。顺序功能流程图的主要元素是步、转移、转移条件和动作，如图4-8所示。顺序功能流程图程序设计的特点是：

（1）以功能为主线，条理清楚，便于对程序操作的理解和沟通；

（2）对大型程序可分工设计，采用较为灵活的程序结构，可节省程序设计时间和调试时间；

（3）常用于系统规模较大、程序关系较复杂的场合；

（4）只有在活动步的命令和操作被执行后，才对活动步后的转换进行扫描，因此，整个程序的扫描时间要大大缩短。

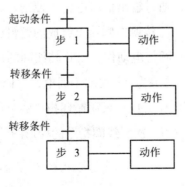

**图4-8 顺序功能图**

4. 功能块图（Function Block Diagram）程序设计语言

功能块图程序设计语言是采用逻辑门电路的编程语言，有数字电路基础的人很容易掌握。功能块图指令由输入、输出段及逻辑关系函数组成。

### 4.2.1 基本位逻辑指令

位操作指令是 PLC 常用的基本指令，梯形图指令有触点和线圈两大类，触点又分常开触点和常闭触点两种形式。语句表指令有与、或以及输出等逻辑关系，位操作指令能够实现基本的位逻辑运算和控制。

1. 逻辑取及线圈驱动指令

触点指令：

触点符号代表输入条件，如外部开关、按钮及内部条件等。CPU 运行扫描到触点符号时，到触点位指定的存储器位访问（即 CPU 对存储器的读操作）。该位数据（状态）为 1 时，表示"能流"能通过。计算机读操作的次数不受限制，用户程序中，常开触点、常闭触点可以使用无数次。触点指令的梯形图符号为：

常开触点指令的语句表符号为 LD(Load)，常闭触点指令的语句表符号为 LDN(Load Not)。

线圈：

线圈表示输出结果，通过输出接口电路来控制外部的指示灯、接触器等，以及内部的输出条件等。线圈左侧接点组成的逻辑运算结果为 1 时，"能流"可以到达线圈，使线圈得电动作，CPU 将线圈的位地址指定的存储器的位置位为 1；逻辑运算结果为 0，线圈不通电，存储器的位置 0，即线圈代表 CPU 对存储器的写操作。PLC 采用循环扫描的工作方式，所以在用户程序中，每个线圈只能使用一次。线圈指令的梯形图符号为：

————（ bit ）

指令功能应用举例：

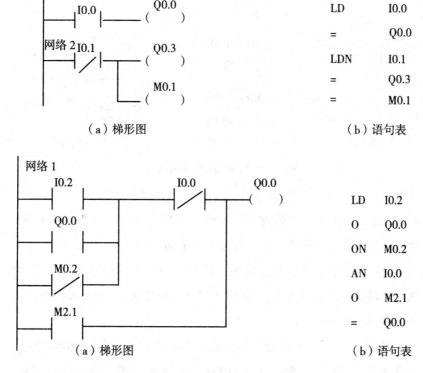

（a）梯形图　　　　　　　（b）语句表

图 4-9　触点指令与线圈指令的连接

2. 置位 / 复位指令 S/R

（1）指令功能

置位指令 S：使能输入有效后从起始位 S-bit 开始的 N 个位置 "1" 并保持。

复位指令 R：使能输入有效后从起始位 S-bit 开始的 N 个位置 "0" 并保持。

置位、复位指令的 LAD 和 STL 形式以及功能如表 4-3 所示。

表 4-3　置位、复位指令的 LAD 和 STL 形式以及功能

| | LAD | STL | 功能 |
|---|---|---|---|
| 置位指令 | bit<br>———(S)<br>N | S bit, N | 从 bit 开始的 N 个元件置 1 并保持，<br>N 的范围为 1~255 |
| 复位指令 | bit<br>———(R)<br>N | R bit, N | 从 bit 开始的 N 个元件清 0 并保持，<br>N 的范围为 1~255 |

（2）指令格式用法如图 4-10 所示。

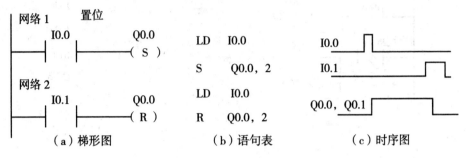

（a）梯形图　　　　　　　（b）语句表　　　　　　（c）时序图

图 4-10　S、R 指令格式用法

（3）指令使用说明

1）对位元件来说一旦被置位，就保持在接通状态，除非对它复位；而一旦被复位就保持在断电状态，除非再对它置位。

2）S、R 指令可以互换次序使用，但由于 PLC 采用扫描工作方式，所以写在后面的指令具有优先权。若 I0.0 和 I1.1 同时为 1，则 Q0.0、Q0.1 肯定处于复位状态而为 0。

3）如果对计数器和定时器复位，则计数器和定时器的当前值被清零。

4）N 的范围为 1 ~ 255，N 可为 VB、IB、QB、MB、SMB、SB、LB、AC、常数。

5）S、R 指令的操作数为 I、Q、M、SM、T、C、V、S 和 L。

3. 脉冲生成指令 EU/ED（正负跳变指令）

（1）指令功能

EU 指令：在 EU 指令前的逻辑运算结果有一个上升沿时（由 OFF→ON）产生一个宽度为一个扫描周期的脉冲，驱动后面的输出线圈。

ED 指令：在 ED 指令前有一个下降沿时产生一个宽度为一个扫描周期的脉冲，驱动其后线圈。

（2）指令使用说明

EU、ED 指令只在输入信号变化时有效，其输出信号的脉冲宽度为一个机器扫描周期。对开机时就为接通状态的输入条件，EU 指令不执行。EU、ED 指令无操作数。

I0.0 的上升沿，经触点（EU）产生一个扫描周期的时钟脉冲，驱动输出线圈 M0.0 导通一个扫描周期，M0.0 的常开触点闭合一个扫描周期，使输出线圈 Q0.0 置位为 1，并保持。I0.1 的下降沿，经触点（ED）产生一个扫描周期的时钟脉冲，驱动输出线圈 M0.1 导通一个扫描周期，M0.1 的常开触点闭合一个扫描周期，使输出线圈 Q0.0 复位为 0，并保持。边沿脉冲指令使用说明如表 4-4 所示。

**表 4-4  边沿脉冲指令使用说明**

| 指令名称 | LAD | STL | 功能 | 说明 |
|---|---|---|---|---|
| 上升沿脉冲 | –\|P\|– | EU | 在上升沿产生一个扫描周期的脉冲 | 无操作数 |
| 下降沿脉冲 | –\|N\|– | ED | 在下降沿产生一个扫描周期的脉冲 | |

### 4.2.2  定时器指令

S7-200 系列 PLC 的定时器是对内部时钟累计时间增量计时的。每个定时器均有一个 16 位的当前值寄存器用以存放当前值（16 位符号整数）；一个 16 位的预置值寄存器用以存放时间的设定值；还有一位状态位，反映其触点的状态。定时器为指令格式如表 4-5 所示。

**表 4-5  定时器的指令格式**

| LAD | STL | 说明 |
|---|---|---|
| IN  TON<br>PT | TON T××, PT | （1）TON—通电延时定时器<br>（2）TONR—记忆型通电延时定时器<br>（3）TOF—断电延时型定时器 |
| IN TONR<br>PT | TONR T××, PT | （4）IN 是使能输入端，指令盒上方输入定时器的编号（T××），范围为 T0~T255；PT 是预置值输入端，最大预置值为 32 767；PT 的数据类型：INT |
| IN  TOF<br>PT | TOF T××, PT | （5）PT 操作数有 IW, QW, MW, SMW, T, C, VW, SW, AC, 常数 |

1. 工作方式

S7-200 系列 PLC 定时器按工作方式分为三大类：TON（通电延时），TONR（有记忆通电延时）和 TOF（断电延时）如表 4-6 所示。

表 4-6 定时器的类型

| 工作方式 | 时基（ms） | 最大定时范围（s） | 定时器号 |
|---|---|---|---|
| TONR | 1 | 32.767 | T0, T64 |
| | 10 | 327.67 | T1~T4, T65~T68 |
| | 100 | 3 276.7 | T5~T31, T69~T95 |
| TON/TOF | 1 | 32.767 | T32, T96 |
| | 10 | 327.67 | T33~T36, T97~T100 |
| | 100 | 3 276.7 | T37~T63, T101~T255 |

2. 时基

按时基脉冲分，则有 1 ms、10 ms、100 ms 三种定时器。不同的时基标准，定时精度、定时范围和定时器刷新的方式均不同。

（1）定时精度和定时范围

定时器的工作原理是：使能输入有效后，当前值 PT 对 PLC 内部的时基脉冲增 1 计数，当计数值大于或等于定时器的预置值后，状态位置 1。其中，最小计时单位为时基脉冲的宽度，又为定时精度；从定时器输入有效，到状态位输出有效，经过的时间为定时时间，即：定时时间 = 预置值 × 时基。当前值寄存器为 16bit，最大计数值为 32767，由此可推算不同分辨率的定时器的设定时间范围。CPU 22X 系列 PLC 的 256 个定时器分属 TON（TOF）和 TONR 工作方式，以及三种时基标准。可见时基越大，定时时间越长，但精度越差。

（2）1ms、10 ms 和 100 ms 定时器的刷新方式不同

1ms 定时器每隔 1ms 刷新一次，与扫描周期和程序处理无关，即采用中断刷新方式。因此当扫描周期较长时，在一个周期内可能被多次刷新，其当前值在一个扫描周期内不一定保持一致。

10 ms 定时器则在每个扫描周期开始时由系统自动刷新。由于每个扫描周期内只刷新一次，故而每次程序处理期间，其当前值为常数。

100 ms 定时器则在该定时器指令执行时刷新。下一条执行的指令，即可使用刷新后的结果，非常符合正常的思路，使用方便可靠。但应当注意，如果该定时器的指令不是每个周期都执行，定时器就不能及时刷新，可能导致出错。

3. 定时器指令工作原理

下面我们将从原理应用等方面分别叙述通电延时型、有记忆的通电延时型、断电延时型三种定时器的使用方法。

（1）通电延时定时器（TON）指令工作原理

当 I0.0 接通时即使能端（IN）输入有效时，驱动 T37 开始计时，当前值从 0 开始递增，计时到设定值 PT 时，T37 状态位置 1，其常开触点 T37 接通，驱动 Q0.0 输出，其后当前值仍增加，但不影响状态位。当前值的最大值为 32767。当 I0.0 分断时，使能端无效，T37 复位，当前值清零，状态位也清零，即恢复原始状态。若 I0.0 接通时间未到设定值就断开，T37 则立即复位，Q0.0 不会有输出。

（2）记忆型通电延时定时器（TONR）指令工作原理

使能端（IN）输入有效时（接通），定时器开始计时，当前值递增，当前值大于或等于预置值（PT）时，输出状态位置 1。使能端输入无效（断开）时，当前值保持（记忆），使能端（IN）再次接通有效时，在原记忆值的基础上递增计时。

注意：TONR 记忆型通电延时定时器采用线圈复位指令 R 进行复位操作，当复位线圈有效时，定时器当前位清零，输出状态位置 0。

（3）断电延时型定时器（TOF）指令工作原理

断电延时型定时器在输入断开，延时一段时间后，才断开输出。使能端（IN）输入有效时，定时器输出状态位立即置 1，当前值复位为 0。使能端（IN）断开时，定时器开始计时，当前值从 0 递增，当前值达到预置值时，定时器状态位复位为 0，并停止计时，当前值保持。

如果输入断开的时间小于预定时间，定时器仍保持接通。IN 再接通时，定时器当前值仍设为 0。断开延时定时器（TOF）用于故障事件发生后的时间延时。

TOF 和 TON 共享同一组定时器，不能重复使用。即不能把一个定时器同时用作 TOF 和 TON。例如，不能既有 TON T32，又有 TOF T32。

### 4.2.3 计数器指令

计数器利用输入脉冲上升沿累计脉冲个数。结构主要由一个 16 位的预置值寄存器、一个 16 位的当前值寄存器和一位状态位组成。当前值寄存器用以累计脉冲个数，计数器当前值大于或等于预置值时，状态位置 1。

S7-200 系列 PLC 有三类计数器：CTU- 加计数器，CTUD- 加 / 减计数器，CTD- 减计数。

1. 计数器指令格式如表 4-7 所示。

**表 4-7 计数器的指令格式**

| STL | LAD | 说明 |
| --- | --- | --- |
| CTU Cxxx，PV | CU CTU<br>R<br>PV | （1）梯形图指令符号中：CU 为加计数脉冲输入端；CD 为减计数脉冲输入端；R 为加计数复位端；LD 为减计数复位端；PV 为预置值 |
| CTD Cxxx，PV | CD CTD<br>LD<br>PV | （2）Cxxx 为计数器的编号，范围为 C0~C255<br>（3）PV 预置值最大范围：32 767；PV 的数据类型：INT；PV 操作数为 VW，T，C，IW，QW，MW，SMW，AC，AIW，K |
| CTUD Cxxx，PV | CU CTUD<br>CD<br>R<br>PV | （4）CTU/CTUD/CD 指令使用要点：STL 形式中 CU，CD，R，LD 的顺序不能错；CU，CD，R，LD 信号可为复杂逻辑关系 |

2. 计数器工作原理分析

（1）加计数器指令（CTU）

当 R=0 时，计数脉冲有效；当 CU 端有上升沿输入时，计数器当前值加 1。当计数器当前值大于或等于设定值（PV）时，该计数器的状态位 C-bit 置 1，即其常开触点闭合。计数器仍计数，但不影响计数器的状态位。直至计数达到最大值（32767）。当 R=1 时，计数器复位，即当前值清零，状态位 C-bit 也清零。加计数器计数范围：0~32767。

（2）加 / 减计数指令（CTUD）

当 R=0 时，计数脉冲有效；当 CU 端（CD 端）有上升沿输入时，计数器当前值加 1（减 1）。当计数器当前值大于或等于设定值时，C-bit 置 1，即其常开触点闭合。当 R=1 时，计数器复位，即当前值清零，C-bit 也清零。加减计数器计数范围：-32768~32767。

（3）减计数指令（CTD）

当复位 LD 有效时，LD=1，计数器把设定值（PV）装入当前值存储器，计数器状态位复位（置 0）。当 LD=0，即计数脉冲有效时，开始计数，CD 端每来一个输入脉冲上升沿，减计数的当前值从设定值开始递减计数，当前值等于 0 时，计数器状态位置位（置 1），停止计数。

### 4.2.4 比较、结束、停止、跳转、循环等指令

1. 比较指令

比较指令是将两个操作数按指定条件进行比较，条件成立时，触点就闭合。所以比较指令实际上也是一种位指令。在实际应用中，比较指令为上下限控制以及数值条件判断提供了方便。

比较指令的类型有字节比较、整数（字）比较、双字整数比较、实数比较和字符串比较五种类型。数值比较指令的运算符有 =、> =、<、< =、> 和 <> 等六种，而字符串比较指令的运算符只有 = 和 <> 两种。对比较指令可进行 LD、A 和 O 编程。

字节比较用于比较两个字节型整数值 IN1 和 IN2 的大小，字节比较是无符号的。

整数比较用于比较两个一字长的整数值 IN1 和 IN2 的大小，整数比较是有符号的，其范围是 16#8000 ～ 16#7FFF。

双字整数比较用于比较两个双字长整数值 IN1 和 IN2 的大小，它们的比较也是有符号的，其范围是 16#80000000~16#7FFFFFFF。

实数比较用于比较两个双字长实数值 IN1 和 IN2 的大小，实数比较是有符号的，负实数范围为 -1.175 495E-38 ～ -3.402 823E+38，正实数范围为 +1.175 495E-38~+3.402 823E+38。

2. 结束指令 END

结束指令分为有条件结束指令 (END) 和无条件结束指令 (MEND)。两条指令在梯形图中以线圈形式编程。指令不含操作数。执行结束指令后，

系统终止当前扫描周期，返回主程序起点。使用说明：

（1）结束指令只能用在主程序中，不能在子程序和中断程序中使用。而有条件结束指令可用在无条件结束指令前结束主程序。

（2）在调试程序时，在程序的适当位置置入无条件结束指令可实现程序的分段调试。

（3）可以利用程序执行的结果状态、系统状态或外部设置切换条件来调用有条件结束指令，使程序结束。

（4）使用 Micro / Win32 编程时，编程人员无需手工输入无条件结束指令，该软件会自动加上一条无条件结束指令到主程序的结尾。

3. 停止指令 STOP

STOP 指令有效时，可以使主机 CPU 的工作方式由 RUN 切换到 STOP，从而立即中止用户程序的执行。STOP 指令在梯形图中以线圈形式编程。指令不含操作数。

STOP 指令可以用在主程序、子程序和中断程序中。如果在中断程序中执行 STOP 指令，则中断处理立即中止，并忽略所有挂起的中断，继续扫描程序的剩余部分，在本次扫描周期结束后，完成将主机从 RUN 到 STOP 的切换。STOP 和 END 指令通常在程序中用来对突发紧急事件进行处理，以避免实际生产中的意外损失。

4. 跳转及标号指令

跳转指令可以使 PLC 编程的灵活性大大提高，可根据对不同条件的判断，选择不同的程序段执行程序。

跳转指令 JMP(Jump to Label)：当输入端有效时，使程序跳转到标号处执行。

标号指令 LBL(Label)：指令跳转的目标标号，操作数 n 为 0~255。

使用说明：

（1）跳转指令和标号指令必须配合使用，而且只能使用在同一程序段中，如主程序、同一个子程序或同一个中断程序。不能在不同的程序段中互相跳转。

（2）执行跳转后，被跳过程序段中的各元器件的状态：

1）Q、M、S、C 等元器件的位保持跳转前的状态；

2）计数器 C 停止计数，当前值存储器保持跳转前的计数值；

3）对定时器来说，因刷新方式不同而工作状态不同。在跳转期间，分辨率为 1 ms 和 10 ms 的定时器会一直保持跳转前的工作状态，原来工作的仍继续工作，到设定值后其位的状态也会改变，输出触点动作，其当前值存储器一直累计到最大值 32 767 才停止。对分辨率为 100 ms 的定时器来说，跳转期间停止工作，但不会复位，存储器里的值为跳转时的值，跳转结束后，若输入条件允许，可继续计时，但已失去了准确计时的意义。所以，在跳转段里的定时器要慎用。

5. 子程序

子程序在结构化程序设计中是一种方便有效的工具。S7–200 PLC 的指令系统具有简单、方便、灵活的子程序调用功能。与子程序有关的操作有建立子程序、子程序的调用和返回。

（1）建立子程序

建立子程序是通过编程软件来完成的。可用编程软件"编辑"菜单中的"插入"选项，选择"子程序"，以建立或插入一个新的子程序，同时，在指令树窗口可以看到新建的子程序图标，默认的程序名是 SBR_N，编号 N 从 0 开始按递增顺序生成，也可以在图标上直接更改子程序的程序名，把它变为更能描述该子程序功能的名字。在指令树窗口双击子程序的图标就可进入子程序，并可对它进行编辑。

（2）子程序调用指令 CALL 和子程序条件返回指令 CRET

在子程序调用指令 CALL 使能输入有效时，主程序把程序控制权交给子程序。子程序的调用可以带参数，也可以不带参数。它在梯形图中以指令盒的形式编程。

在子程序条件返回指令 CRET 使能输入有效时，结束子程序的执行，返回主程序（此子程序调用的下一条指令）。梯形图中以线圈的形式编程，指令不带参数。

### 4.2.5 步进顺序控制指令

在运用 PLC 进行顺序控制中常采用顺序控制指令，这是一种由功能图设计梯形图的步进型指令。首先用程序流程图来描述程序的设计思想，然后再用指令编写出符合程序设计思想的程序。使用功能流程图可以描述程序的顺序执行、循环、条件分支、程序的合并等功能流程概念。顺序控制指令可以将程序功能流程图转换成梯形图程序，功能流程图是设计梯形图程序的基础。

1. 功能流程图简介

功能流程图是按照顺序控制的思想，根据工艺过程和输出量的状态变化，将一个工作周期划分为若干顺序相连的步，在任何一步内，各输出量 ON/OFF 状态不变，但是相邻两步输出量的状态是不同的。所以，可以将程序的执行分成各个程序步，通常用顺序控制继电器的位 S0.0~S31.7 代表程序的状态步。使系统由当前步进入下一步的信号称为转换条件，又称步进条件。转换条件可以是外部的输入信号，如按钮、指令开关、限位开关的接通 / 断开等；也可以是程序运行中产生的信号，如定时器、计数器的常开触点的接通等；还可以是若干个信号的逻辑运算的组合。一个三步循环步进的功能流程图如图 4-11 所示，功能流程图中的每个方框代表一个

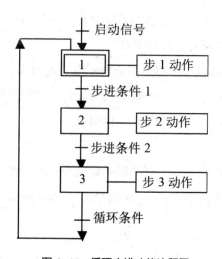

图 4-11　循环步进功能流程图

状态步，图中 1、2、3 分别代表程序三步状态。与控制过程的初始状态相对应的步称为初始步，用双线框表示。可以分别用 S0.0、S0.1、S0.2 表示上述的三个状态步，程序执行到某步时，该步状态位置 1，其余为 0。如执行第一步时，S0.0=1，而 S0.1、S0.2 全为 0。每步所驱动的负载，称为步动作，用方框中的文字或符号表示，并用线将该方框和相应的步相连。状态步之间用有向连线连接，表示状态步转移的方向，有向连线上没有箭头标注时，方向为自上而下、自左而右。有向连线上的短线表示状态步的转换条件。

2. 顺序控制指令

顺序控制用三条指令描述程序的顺序控制步进状态。

（1）顺序步开始指令 (LSCR)

步开始指令，顺序控制继电器位 SX.Y=1 时，该程序步执行。

（2）顺序步结束指令 (SCRE)

SCRE 为顺序步结束指令，顺序步的处理程序在 LSCR 和 SCRE 之间。

（3）顺序步转移指令 (SCRT)

使能输入有效时，将本顺序步的顺序控制继电器位清零，下一步顺序控制继电器位置 1。

顺序控制指令格式如表 4-8 所示。

表 4-8　顺序控制指令格式

| LAD | STL | 说明 |
|---|---|---|
| ┤ SCR ├ | LSCR n | 步开始指令，为步开始的标志，该步的状态元件的位置 1 时，执行该步 |
| —( SCRT ) | SCRT n | 步转移指令，使能有效时，关断本步，进入下一步。该指令由转换条件的接点起动，n 为下一步的顺序控制状态元件 |
| —( SCRE ) | SCRE | 步结束指令，为步结束的标志 |

顺序控制指令应用时应注意：

（1）步进控制指令 SCR 只对状态元件 S 有效。为了保证程序的可靠运行，驱动状态元件 S 的信号应采用短脉冲。

（2）当输出需要保持时，可使用 S/R 指令。

（3）不能把同一编号的状态元件用在不同的程序中。例如，如果在主程序中使用 S0.1，则不能在子程序中再使用。

（4）在 SCR 段中不能使用 JMP 和 LBL 指令。即不允许跳入或跳出 SCR 段，也不允许在 SCR 段内跳转。可以使用跳转和标号指令在 SCR 段周围跳转。

（5）不能在 SCR 段中使用 FOR、NEXT 和 END 指令。

3. 应用举例

例 4-1 使用顺序控制结构，编写出实现红、绿灯循环显示的程序（要求循环间隔时间为 1 s）。

根据控制要求首先画出红绿灯顺序显示的功能流程图，如图 4-12 所示。起动条件为按钮 I0.0，步进条件为时间，状态步的动作为点红灯、熄绿灯，同时起动定时器，步进条件满足时，关断本步，进入下一步。

梯形图程序如图 4-13 所示。

分析：当 I0.0 输入有效时，起动 S0.0，执行程序的第一步，输出 Q0.0 置 1（点亮红灯），Q0.1 置 0（熄灭绿灯），同时起动定时器 T37，经过 1 s，步进转移指令使得 S0.1 置 1，S0.0 置 0，程序进入第二步，输出点 Q0.1 置 1（点亮绿灯），输出点 Q0.0 置 0（熄灭红灯），同时起动定时器 T38，经过 1 s，步进转移指令使得 S0.0 置 1，S0.1 置 0，程序进入第一步执行。如此周而复始，循环工作。

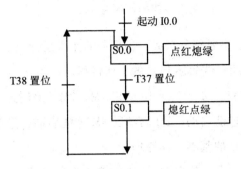

图 4-12 例 4-1 流程图

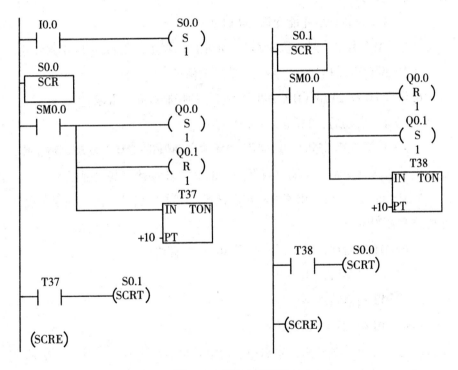

图 4-13 例 4-1 梯形图

### 思考与练习

1.PLC 由哪几个主要部分组成？各部分的作用是什么？

2. 何谓扫描周期？试简述 PLC 的工作过程。

3. 试用 PLC 设计：要求三台电动机 1M、2M、3M 按一定顺序启动，即 1M 启动后，2M 才能启动；2M 启动后 3M 才能启动；停车时则同时停。

4. 简要说明 PLC 的基本工作原理。

5. 试用 PLC 设计出一条自动运输线，有两台电动机，1M 拖动运输机，2M 拖动卸料机。要求：

（1）1M 先启动后才能允许 2M 启动；

（2）2M 先停止，经一段时间后 1M 才自动停止，且 2M 可以单独停止；

（3）两台电动机均有短路、长期过载保护。

6. 设计 1M 和 2M 两台电动机顺序启停的控制线路。要求：

（1）1M 启动后，2M 立即自动启动；

（2）1M 停止后，延时一段时间，2M 才自动停止；2M 能点动调整工作；两台电动机均有短路、长期过载保护。试用 PLC 设计出其控制程序。

7. M1 和 M2 均为三相笼型异步电动机，可直接启动。按下列要求设计主电路和控制电路：

（1）M1 先启动，经一段时间后 M2 自行启动；

（2）M2 启动后，M1 立即停车；

（3）M2 能单独停车；

（4）M1 和 M2 均能点动。

8. 设计一个控制线路，要求第一台电动机启动 10 s 后，第二台电动机自行启动；运行 5 s 后，第一台电动机停止并同时使第三台电动机自行起动；再运行 10 s，电动机全部停止。

项目八　S7-200 PLC 自锁程序、互锁程序、置位指令和复位指令的应用

**一、项目目的**

1. 掌握自锁程序；

2. 掌握互锁程序；

3. 掌握置位和复位指令的应用。

**二、设备**

1. S7-200 CPU224 或 CPU226 PLC 一台。

2. 安装有编程软件 STEP7-Micro/Win32 的计算机一台。

3. 西门子 PC/PPI 通信电缆一条。

4. 三相异步电动机一台。

5. DC24V 直流稳压电源、AC220V 交流接触器、热继电器、断路器、选择开关、按钮、指示灯 (DC24V)、电工工具及导线若干。

**三、操作内容**

（一）自锁程序（启保停电路）

1. 控制要求

自锁程序，也称启动、保持和停止电路（简称为"启保停"电路），其梯形图和对应的 PLC 外部接线图如图 4-14、图 4-15 所示。在外部接线图中启动常开按钮 SB$_1$ 和停止按钮 SB$_2$ 分别接在输入端 I0.0 和 I0.1 上，负载灯接在输出端 Q0.0 上。启保停电路最主要的特点是具有"记忆"功能，按下启动按钮，I0.0 的常开触点接通，如果这时未按停止按钮，I0.1 的常闭触点接通，Q0.0 的线圈"通电"，它的常开触点同时接通，灯保持亮。放开启动按钮，I0.0 的常开触点断开，"能流"经 Q0.0 的常开触点和 I0.1 的常闭触点流过 Q0.0 的线圈，Q0.0 仍为 ON，灯一直保持亮，这就是所谓的"自锁"或"自保持"功能。按下停止按钮，I0.1 的常闭触点断开，使 Q0.0 的线圈断电，其常开触点断开，以后即使放开停止按钮，I0.1 的常闭触点恢复接通状态，Q0.0 的线圈仍然"断电"，灯熄灭。

2. 按下图连接上位计算机与 PLC。

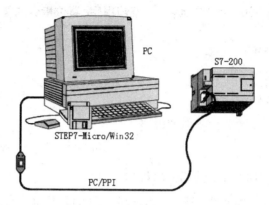

3. 正确完成 PLC 端子与开关、指示灯接线端子之间的连接操作。

4. 按"控制接线图"连接 PLC 外围电路；打开软件，点击 ![设置 PG/PC 接口]，在弹出的对话框中选择"PC/PPI 通信方式"，点击 ![属性(R)...]，设置 PC/PPI 属性。

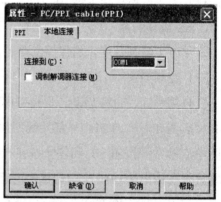

点击 ![通信] 在弹出的对话框中，双击 ![双击刷新] 搜寻 PLC，寻找到 PLC 后，选择该 PLC；至此，PLC 与上位计算机通信参数设置完成。

5. 编译实训程序，确认无误后，点击 ▼，将程序下载至 PLC 中，下载完毕后，将 PLC 模式选择开关拨至 RUN 状态。

6. 操作按钮，观察指示灯能否正确显示。

（二）自锁程序的实际应用——电动机的启停控制

生产中要用 PLC 控制一台电动机的启动与停止，硬件接线如图 4-16 所示。$SB_1$ 为启动按钮，$SB_2$ 为停止按钮，为了对电动机进行过载保护，将热继电器的常闭触点接在 PLC 的 I0.2 端。PLC 的输出 Q0.0 控制交流接触

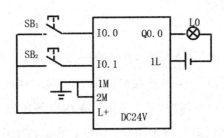

图4-14　外部接线图

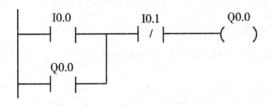

图4-15　自锁程序梯形图

器KM的线圈通电或断电，从而控制交流接触器的三对主触头接通或断开，达到控制电动机启停的目的。根据上述要求，自己尝试进行接线、编程与调试，完成电动机的启停控制。

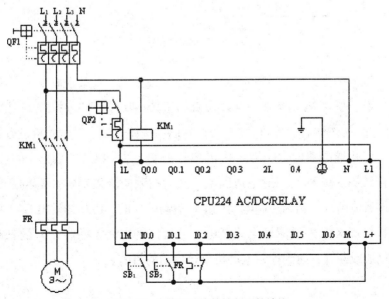

图4-16　电动机的启停控制硬件接线

（三）互锁程序

1. 控制要求

如图 4-17 所示，输入信号 I0.0 和输入信号 I0.1，若 I0.0 先接通，Q0.0 自保持，Q0.0 有输出，Q0.0 所接灯保持亮，同时 Q0.0 的常闭接点断开，即使 I0.1 再接通，也不能使 Q0.1 动作，故 Q0.1 无输出，Q0.1 所接灯不亮。若 I0.1 先接通，则情形与前述相反。因此在控制环节中，该电路可实现信号互锁。

2. 正确完成 PLC 端子与开关、指示灯接线端子之间的连接操作。

3. 打开编程软件，编写程序并下载至 PLC 中。

4. 操作按钮，观察指示灯能否正确显示。

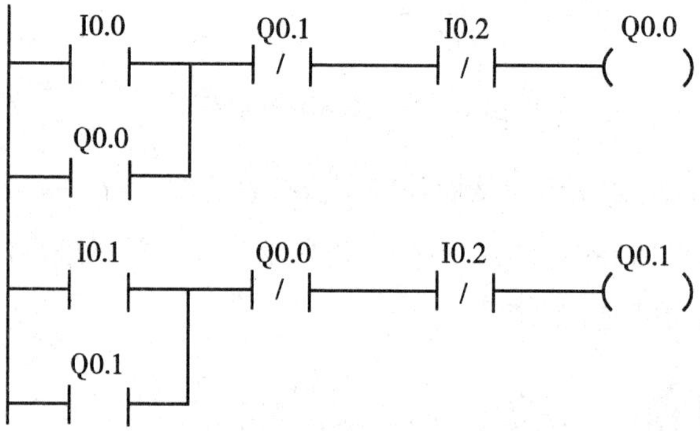

图 4-17　互锁电路梯形图

（四）互锁程序的实际应用——电动机的正转、反转控制

生产中要用 PLC 控制一台电动机的正转、反转，硬件接线如图 4-18 所示。$SB_1$ 为正转启动按钮，$SB_2$ 为反转启动按钮，为了对电动机进行过载保护，将热继电器的常闭触点接在 PLC 的 I0.3 端。PLC 的输出 Q0.0 控制交流接触器 $KM_1$ 的线圈通电或断电，从而控制交流接触器 $KM_1$ 的三对主触头接通或断开，达到控制电动机正转启动的目的。PLC 的输出 Q0.1 控制交流接触器 $KM_2$ 的线圈通电或断电，从而控制交流接触器 $KM_2$ 的三对主触头接通或断开，达到控制电动机反转启动的目的。

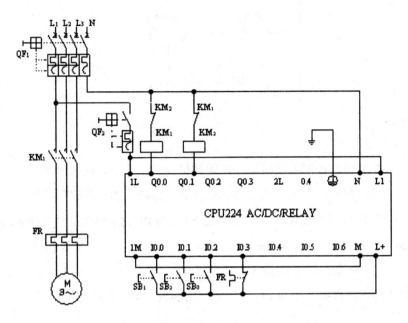

图 4-18 硬件接线

电动机在正反转切换时，为了防止因主电路电流过大，或接触器质量不好，某一接触器的主触点被断电时产生的电弧熔焊而被黏结，其线圈断电后主触点仍然是接通的。这时，如果另一接触器线圈通电，仍将造成三相电源短路事故。为了防止这种情况的出现，在可编程控制器的外部设置由 $KM_1$ 和 $KM_2$ 的常闭触点组成了硬件互锁电路。根据上述要求，自己尝试进行接线、编程与调试，完成电动机的正转、反转控制。

（五）置位指令和复位指令

灯的亮灭和电动机的启停控制也可以用 S 和 R 指令来实现，如下图所示。I0.0 所接的按钮按下时，Q0.0 位置 1，Q0.0 有输出，其所接的灯或交流接触器的线圈得电，灯亮或电动机启动运转。当 I0.1 所接的按钮按下时，Q0.0 位复位，Q0.0 无输出，其所接的灯或交流接触器的线圈失电，灯灭或电动机停止运转。

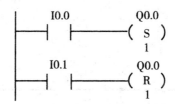

### 四、项目报告

1. 画出 PLC 控制电动机启停的硬件接线图，并编写控制程序。

2. 画出 PLC 控制电动机正转、反转的硬件接线图，并编写控制程序。

3. 编程练习：按钮 $S_1$、$S_2$ 分别接 S7–200 PLC 的 I0.0 和 I1.5 输入端，DC24V 指示灯 $L_0$、$L_1$、$L_2$ 接输出端 Q0.0、Q0.4、Q1.1，当 $S_1$ 按下时，灯 $L_0$、$L_1$、$L_2$ 全亮，松开按钮 $S_1$，按下 $S_2$ 时，灯 $L_0$ 不亮，灯 $L_1$、$L_2$ 全亮。按要求画出硬件接线图和 I/O 端口分配功能表，编写程序并验证。

## 项目九　S7-200 PLC 定时器指令的应用

**一、项目目的**

1. 掌握定时器指令的应用。

2. 掌握脉宽和周期可调的脉冲发生器的程序编写方法。

**二、设备**

1. S7-200 CPU224 或 CPU226 PLC 一台。

2. 安装有编程软件 STEP7-Micro/Win32 的计算机一台。

3. 西门子 PC/PPI 通信电缆一条。

4. 三相异步电动机一台。

5. DC24V 直流稳压电源、AC220V 交流接触器、热继电器、断路器、选择开关、按钮、指示灯（DC24V）、电工工具及导线若干。

**三、操作内容**

（一）定时器指令

1. 通电延时定时器（TON）指令的应用

（1）控制要求

用一选择开关 $K_0$ 连接 PLC 的输入端 I0.0，输出端接 DV24V 指示灯 $L_0$。要求合上选择开关时，灯 $L_0$ 不亮，5 秒后灯 $L_0$ 开始亮。

（2）正确完成 PLC 端子与开关、指示灯接线端子之间的连接操作。

（3）打开编程软件，编写程序并下载至 PLC 中。

（4）操作开关，观察指示灯能否正确显示。

（5）若用定时器 T34，要达到相同的控制效果，应如何修改程序？

（6）用按钮 $S_0$ 代替选择开关 $K_0$，要达到相同的控制效果，应如何修改程序？

（7）若要求合上选择开关前，灯 $L_0$ 一直保持亮，合上选择开关 $K_0$，10 秒后灯 $L_0$ 熄灭，应如何编写程序？

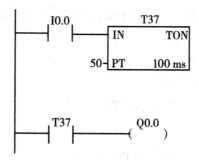

**2. 断电延时型定时器（TOF）指令的应用**

（1）控制要求

用一选择开关 $K_0$ 连接 PLC 的输入端 I0.0，表示某控制系统的运行状态。输出端 Q0.0 接 DV24V 指示灯 $L_0$。控制系统正常运行时 I0.0 保持接通状态，若系统出现故障时 I0.0 能自动断开，并延时 3 秒通过 Q0.0 发出报警信号（灯 $L_0$ 亮）。

（2）正确完成 PLC 端子与开关、指示灯接线端子之间的连接操作。

（3）打开编程软件，编写程序并下载至 PLC 中。

（4）操作开关，观察指示灯能否正确显示。

```
      I0.0           T96
      ─┤ ├──┤ ├──┤IN      TOF│
                  │          │
            3000──┤PT    1 ms│

      T96            Q0.0
      ─┤/├──┤ ├────( )
```

**3. 记忆型通电延时定时器（TONR）指令的应用**

（1）控制要求

某设备间歇性工作，要求总工作时间达 60 秒后系统发出报告信息。该设备工作时 I0.0 得电，到达工作时间时由 Q0.0 发出报告信息（发光），解除报告信息则由 I0.1 得电控制。

I0.0、I0.1 分别接按钮 $S_0$、$S_1$，间断按下按钮 $S_0$，表示设备处于相应的间歇工作状态，监控定时器的时间变化，当设备工作时间累计达到 60 秒时，观察指示灯变化。

（2）正确完成 PLC 端子与开关、指示灯接线端子之间的连接操作。

（3）打开编程软件，编写程序并下载至 PLC 中。

（4）操作按钮，观察指示灯能否正确显示。

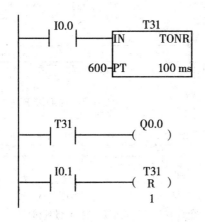

（二）定时器指令的实际应用——电动机的延时控制

生产中要用 PLC 控制一台电动机运行，硬件接线如图 4-19 所示。$SB_1$ 为启动按钮，$SB_2$ 为停止按钮，为了对电动机进行过载保护，将热继电器的常闭触点接在 PLC 的 I0.2 端。PLC 的输出 Q0.0 控制交流接触器 KM 的线圈通电或断电，从而控制交流接触器的三对主触头接通或断开，达到控制电动机启停运行的目的。要求按下按钮 $SB_1$，电动机启动运转，100 秒后自动停止，停止后再过 30 秒，电动机又自行启动运转。任何时刻按下按钮 $SB_2$，电动机均能停止运转。根据上述要求，进行接线、编程与调试，完成电动机的延时控制，延时控制参考程序如下图所示。

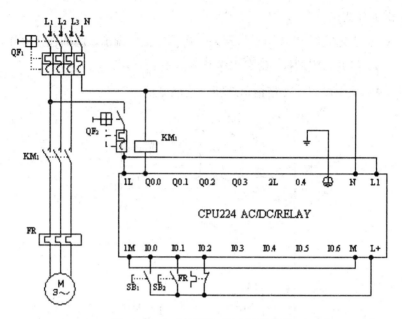

图 4-19　电动机的延时控制硬件接线

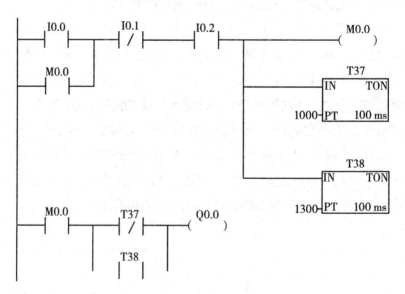

电动机的延时控制参考程序

（三）脉宽和周期可调的脉冲发生器（闪烁信号）

利用定时器指令，制作一脉宽和周期可调的脉冲发生器（闪烁信号），要求 I0.0 所接的选择开关 K₀ 闭合时，Q0.0 所接的指示灯以亮 1 秒灭 3 秒的频率闪烁。可通过修改定时器的设定值改变指示灯亮灭的时间长短。断开选择开关 K₀ 时，闪烁信号停止。脉冲发生器参考程序如下图所示。

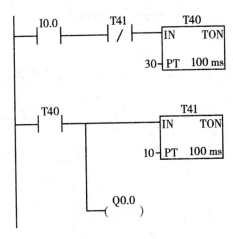

**脉冲发生器参考程序**

（四）脉冲发生器的实际应用——汽车转向灯的模拟控制

利用脉冲发生器原理，模拟汽车转向灯的控制，要求用一个三选开关进行控制。当开关扳到左侧时，I0.0 接通，表示左转的指示灯（接 Q0.0）以亮 0.5 秒灭 0.5 秒的频率闪烁；开关扳到中间位置时，I0.0 断开，表示左转的指示灯停止闪烁；当开关扳到右侧时，I0.1 接通，表示右转的指示灯（接 Q0.1）以亮 0.5 秒灭 0.5 秒的频率闪烁；开关扳到中间位置时，I0.1 断开，表示右转的指示灯停止闪烁。可通过修改定时器的设定值改变指示灯亮灭的时间长短。见图 4-20 参考程序。

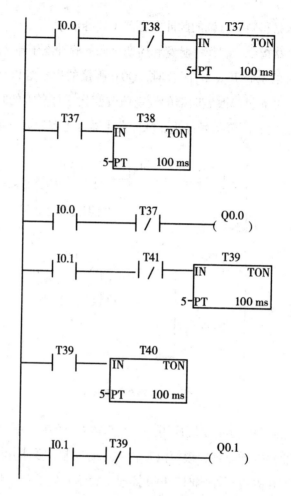

图 4-20　汽车转向灯的模拟控制参考程序

### 四、训练报告

编程练习：

生产中要用 PLC 控制一台电动机运行，$SB_1$ 为启动按钮，$SB_2$ 为停止按钮，为了对电动机进行过载保护，将热继电器的常闭触点接在 PLC 的 I0.2 端。PLC 的输出 Q0.0 控制交流接触器 KM 的线圈通电或断电，从而控制交流接触器的三对主触头接通或断开，达到控制电动机启停运行的目的。要求按下按钮 $SB_1$，电动机启动运转，60 秒后自动停止，停止后再过 20 秒，电动机又自行启动运转，自行启动运转后 15 秒，电动机自动停止运转。任何时刻按下按钮 $SB_2$，电动机均能停止运转。根据上述要求，画出 PLC 控制电动机的硬件接线图，编写控制程序，并调试运行，完成电动机的延时控制。

## 项目十　S7-200 PLC 计数器指令的应用

### 一、项目目的

掌握计数器指令的应用。

### 二、设备

1. S7–200 CPU224 或 CPU226 PLC 一台。

2. 安装有编程软件 STEP7–Micro/Win32 的计算机一台。

3. 西门子 PC/PPI 通信电缆一条。

4. DC24V 直流稳压电源、选择开关、按钮、指示灯 (DC24V)、电工工具及导线若干。

### 三、操作内容

（一）加计数器指令 CTU 编程训练

1. 控制要求

每按一下 I0.0 所接的按钮，计数器 C20 就累加 1，当计数器 C20 的累加值大于等于 C20 的设定值 3 时，计数器 C20 的常开触点接通，Q0.0 有输出，其所接的灯得电，灯亮。当按下 I0.1 所接的按钮时，计数器 C20 复位，计数器 C20 的累加值清零，计数器 C20 的常开触点断开，Q0.0 没有输出，其所接的灯失电，灯灭。

2. 正确完成 PLC 端子与开关、指示灯接线端子之间的连接操作。

3. 打开编程软件，编写程序并下载至 PLC 中。

4. 操作按钮，观察指示灯能否正确显示。

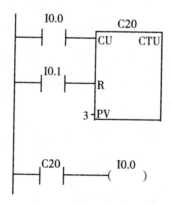

（二）减计数器指令 CTD 编程训练

1.控制要求

每按一下 I0.0 所接的按钮，计数器 C1 就减 1，当计数器 C1 的累减值等于 C1 的设定值 3，即计数器 C1 的当前值等于 0 时，计数器 C1 的常开触点接通，Q0.0 有输出，其所接的灯得电，灯亮。当按下 I0.1 所接的按钮时，计数器 C1 复位，计数器 C1 的当前值清零，计数器 C1 的常开触点断开，Q0.0 没有输出，其所接的灯失电，灯灭。此外，程序中还用到了 C1 的常闭触点与 Q0.1 相连，注意监控此常闭触点和 Q0.1 的变化。

2.正确完成 PLC 端子与开关、指示灯接线端子之间的连接操作。

3.打开编程软件，编写程序并下载至 PLC 中。

4.操作按钮，观察指示灯能否正确显示。

（三）加减计数器指令 CTUD 编程训练

1.控制要求

每按一下 I0.0 所接的按钮，计数器 C48 就加 1，每按一下 I0.1 所接的按钮，计数器 C1 就减 1，当计数器 C48 的当前值等于 C48 的设定值 4 时，计数器 C48 的常开触点接通，Q0.0 有输出，其所接的灯得电，灯亮。当按下 I0.2 所接的按钮时，计数器 C48 复位，计数器 C48 的常开触点断开，Q0.0 没有输出，其所接的灯失电，灯灭。

2.正确完成 PLC 端子与开关、指示灯接线端子之间的连接操作。

3.打开编程软件,编写程序并下载至 PLC 中。

4.操作按钮,观察指示灯能否正确显示。

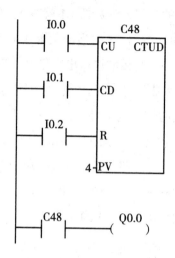

（四）计数器计数值的扩展

单个加计数器的最大计数值为 32 767,若在生产中计数产品的数量超过 32 767 时,应怎样计数?

可采取多个计数器结合来扩大计数范围。试分析如下程序:

I0.0 与 I0.1 均接按钮。每按一次 I0.0 所接的按钮,计数器 C1 当前值就加 1,当按钮累积按下 5 次,即等于 C1 的设定值时,C1 的常开触点就导通一次,计数器 C2 的当前值就加 1,同时 C1 的常开触点还接在 C1 的复位端 R,对 C1 复位。当 I0.0 所接的按钮按下 5×3=15 次时,C2 的常开触点导通,与其相连的线圈 Q0.0 有输出,Q0.0 所接的指示灯变亮,表示按钮按下了 15 次。

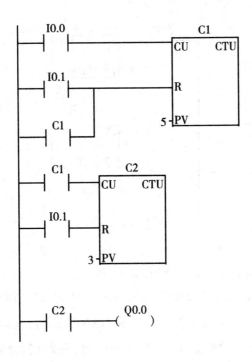

（五）定时时间的扩展

单个定时器最大设定值为32 767，最大定时时间为32 767×100 ms=3 276.7 s，若在生产中定时时间超过3 276.7 s时，应怎样定时？

可采取以下两种方法扩大定时时间范围。

1. 多个定时器串联实现时间的扩展

I0.0接选择开关，当I0.0所接的选择开关闭合时，T37开始计时，当T37的计时时间达到其设定值50×100ms=5 000 ms时，T37的常开触点导通，T38开始计时，当T38的计时时间达到其设定值400×100ms=40 000 ms时，T38的常开触点导通，Q0.0有输出，其所接的指示灯变亮，表示从I0.0所接的选择开关闭合到灯亮所用的时间为T=50×100ms+400×100ms=45 000 ms，即两个定时器设定时间的和。

**2. 定时器与计数器配合实现时间的扩展**

I0.0 接选择开关，当 I0.0 所接的选择开关闭合时，T40 开始计时，当 T40 的计时时间达到其设定值 50×100ms=5 000 ms 时，T40 的常开触点导通，计数器 C1 当前值就加 1，同时 T40 的常闭触点就分断一次，T40 当前值自动清零，然后重新开始计时。当 T40 的常开触点通断 3 次时，计数器 C1 的当前值也达到了设定值 3，C1 的常开触点就导通，与 Q0.0 相接的指示灯变亮。所以从 I0.0 所接的选择开关闭合开始到灯亮所用的时间为 T=50×100ms×3=15 000ms，即定时器的时间设定值与计数器设定值的乘积。

（六）计数器的实际应用——大输液瓶计数控制

在自动化生产过程中，我们常常需要对生产出来的产品进行数量计算，需要使用计数器进行计数控制。图 4-21 是药厂大输液瓶计数包装控制的生产线，传送带传送大输液瓶装箱，通过 A 或 B 点的光电开关检测产生计数脉冲信号进行大输液瓶数量的计算。

光电开关（光电传感器）是光电接近开关的简称，它利用被检测物对光束的遮挡或反射，由同步回路选通电路，从而检测物体有无。物体不限于金属，所有能反射光线的物体均可被检测。光电开关将输入电流在发射器上转换为光信号射出，接收器再根据接收到的光线的强弱或有无对目标物体进行探测。多数光电开关选用的是波长接近可见光的红外线光波型。光电开关由发射器、接收器和检测电路三部分组成。发射器对准目标发射的光束一般来源于半导体光源、发光二极管（LED）、激光二极管及红外发射二极管。接收器由光电二极管或光电三极管、光电池组成。在接收器的前面，装有光学元件如透镜和光圈等。在其后面的是检测电路，它能滤出有效信号和应用该信号。

根据图 4-21 和图 4-22，编写程序，实现生产线大输液瓶的计数。

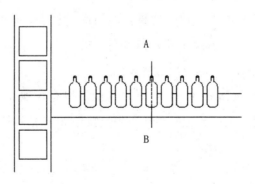

图 4-21　大输液瓶计数包装生产线

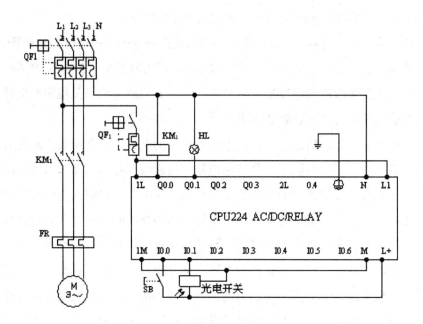

图 4-22　大输液瓶计数控制硬件接线

### 四、项目报告

1.编程练习：定时时间的扩展

利用 3 个定时器串联，实现定时时间的扩展。定时时间为 24 小时，时间到时，以 Q0.0 所接的指示灯变亮做指示。

2.编程练习：灯闪烁次数的控制

按下起动按钮 I0.0，Q0.0 所接指示灯以亮 3 秒灭 2 秒的周期工作 20 次后自动停止。且无论何时，按下停止按钮 I0.1,指示灯立刻熄灭。

## 项目十一 S7-200 PLC 比较指令的应用

### 一、项目目的

1. 掌握比较指令的应用。

2. 掌握数据传送指令的应用。

### 二、设备

1. S7-200 CPU224 或 CPU226 PLC 一台。

2. 安装有编程软件 STEP7-Micro/Win32 的计算机一台。

3. 西门子 PC/PPI 通信电缆一条。

4. 三相异步电动机一台。

5. DC24V 直流稳压电源、AC220V 交流接触器、热继电器、断路器、选择开关、按钮、指示灯 (DC24V)、电工工具及导线若干。

### 三、操作内容

（一）比较指令的应用——三台电机的分时控制

1. 控制要求

I0.0、I0.1 分别接按钮 $S_0$、$S_1$，按下按钮 $S_0$，电动机甲启动运转，15 秒后电动机乙启动运转。电动机丙在按钮 $S_0$ 按下后 30 秒至 90 秒之间运转。任何时刻按下 $S_1$，三台电机全部停止。Q0.0、Q0.1 和 Q0.2 分别控制三个交流接触器的线圈得电或断电，从而控制相应电动机的启停。用比较指令完成这三台电动机的分时控制。

2. 正确完成 PLC 端子与按钮、交流接触器等电器之间的连接。

3. 打开编程软件，编写程序并下载至 PLC 中。

4. 操作按钮，观察电动机能否正确分时运行。

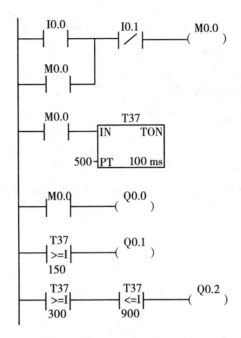

（二）数据传送指令的应用——三台电机的同时启停控制

1. 控制要求

I0.0、I0.1 分别接按钮 $S_0$、$S_1$，Q0.0、Q0.1 和 Q0.2 分别控制三个交流接触器的线圈得电或断电，从而控制相应电动机的启停。按下按钮 $S_0$，三台电动机同时启动运转。任何时刻按下 $S_1$，三台电机同时停止。用数据传送指令完成这三台电动机的同时启停控制。

2. 正确完成 PLC 端子与按钮、交流接触器等电器之间的连接。

3. 打开编程软件，编写程序并下载至 PLC 中。

4. 操作按钮，观察电动机能否正确分时运行。

5. 思考并实施：若三台电动机分别由 Q0.3、Q0.5 和 Q0.6 控制，应怎样编写程序？

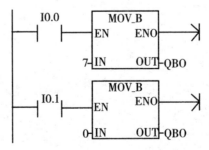

（三）数据传送指令的又一应用——电加热炉的加热模式控制

1. 控制要求

某厂生产的两种型号产品甲和乙所需加热时间分别为 30 分钟和 20 分钟。需用一个选择开关来设定加热时间。选择开关的两个挡位分别接 I0.0 和 I0.1，通过控制 I0.0 和 I0.1 的通断给定时器设置预置值。另设加热炉起动按钮 $S_3$（接 I0.3），通过 Q0.0 的输出来控制加热交流接触器的线圈通断，从而控制电加热丝的通电或断电。I0.2 所接按钮 $S_2$ 为停止按钮，任何时刻按下 $S_2$，电加热炉立即停止加热。

2. 正确完成 PLC 端子与按钮、交流接触器等电器之间的连接。

3. 打开编程软件，编写程序并下载至 PLC 中。

4. 操作按钮，观察加热炉能否正确运行。

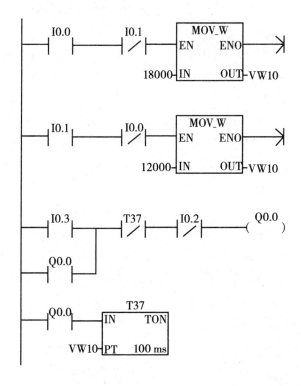

### 四、项目报告

编程练习

控制要求：I0.0、I0.1 分别接按钮 $S_0$、$S_1$。按下按钮 $S_0$，电动机甲启动运转，15 秒后电动机乙启动运转。电动机丙在按下按钮 $S_0$ 35 秒后启动运转。任何时刻按下 $S_1$，三台电机全部停止。Q0.0、Q0.1 和 Q0.2 分别控制三个交流接触器的线圈得电或断电，从而控制相应电动机的启停。用比较指令完成这三台电动机的分时控制。

## 项目十二 S7–200 PLC 数据运算指令的应用

### 一、项目目的

1. 加深对数据运算指令应用的理解。

2. 掌握数据传送指令的应用。

### 二、设备

1. S7–200 CPU224 或 CPU226 PLC 一台，EM235 一台。

2. 安装有编程软件 STEP7–Micro/Win32 的计算机一台。

3. 西门子 PC/PPI 通信电缆一条。

4. DC24V 直流稳压电源、选择开关、按钮、指示灯(DC24V)、温度变送器、电工工具及导线若干。

### 三、操作内容

（一）加法指令的应用

控制要求：

I0.0、I0.1 和 I0.2 分别接按钮 $S_0$、$S_1$、$S_2$，依次按下按钮 $S_0$、$S_1$、$S_2$，每按一个按钮之后，通过监控功能，观察程序中变量存储器 VW10、VW20 和 VW30 中的数值变化，理解程序的作用。

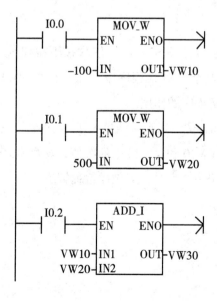

（二）减法指令的应用

控制要求：

I0.0 和 I0.1 分别接按钮 $S_0$ 和 $S_1$，依次按下按钮 $S_0$ 和 $S_1$，每按一个按钮之后，通过监控功能，观察程序中变量存储器 VW10、VW20 和 VW30 中的数值变化，理解程序的作用。

由于程序运算结果为负，影响负数标志位 SM1.2 置 1，所以 Q0.0 有输出。

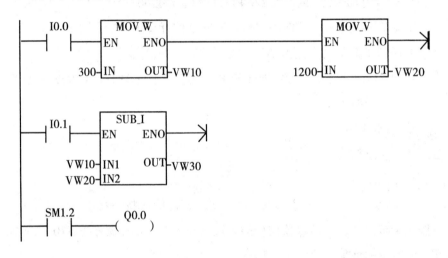

（三）乘法指令的应用

控制要求：

I0.0 和 I0.1 分别接按钮 $S_0$ 和 $S_1$，依次按下按钮 $S_0$ 和 $S_1$，每按一个按钮之后，通过监控功能，观察程序中变量存储器 VW10、VW20 和 VW30 中的数值变化，理解程序的作用。

SM1.1 为溢出标志位，当乘法结果大于一个字时，SM1.1 置 1，Q0.0 有输出。修改传送给 VW10 和 VW20 中的数值，观察 Q0.0 何时有输出。

若乘法结果大于一个字时，应怎样编程解决？

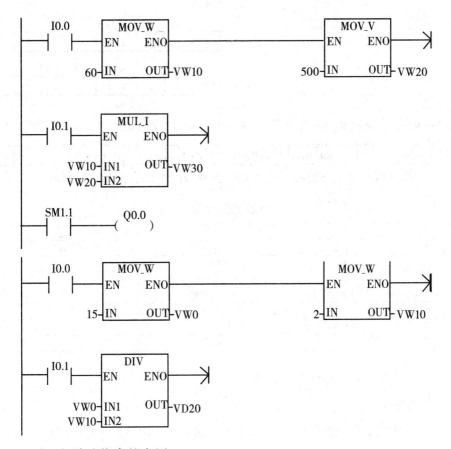

（四）除法指令的应用

控制要求：

I0.0 和 I0.1 分别接按钮 $S_0$ 和 $S_1$，依次按下按钮 $S_0$ 和 $S_1$，每按一个按钮之后，通过监控功能，观察程序中变量存储器 VW0、VW10 和 VD20 中的数值变化，理解程序的作用。

该程序运算的结果（15/2= 商 7 余 1）存储在 VD20 中，其中商 7 存储在 VW22 中，余数 1 存储在 VW20 中。其二进制格式为 0000 0000 0000 0001 0000 0000 0000 0111。

VD20 中各字节存储的数据分别是 VB20=0、VB21=1、VB22=0、VB23=7。

各字存储的数据分别是 VW20=+1、VW22=+7。

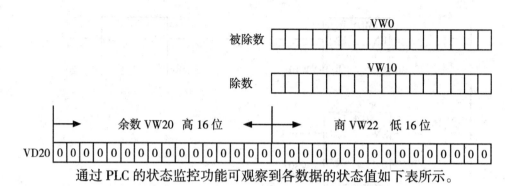

通过 PLC 的状态监控功能可观察到各数据的状态值如下表所示。

**状态监控表**

| 序号 | 地址 | 格式 | 当前值 |
|---|---|---|---|
| 1 | VD20 | 有符号 | +65543 |
| 2 | VB20 | 无符号 | 0 |
| 3 | VB21 | 无符号 | 1 |
| 4 | VB22 | 无符号 | 0 |
| 5 | VB23 | 无符号 | 7 |
| 6 | VW20 | 有符号 | +1 |
| 7 | VW22 | 有符号 | +7 |

（五）函数运算指令的应用

控制要求：

求角度 $30°$ 的余弦值，并将结果存储在 VD40 中。I0.0 接按钮 $S_0$，按下按钮 $S_0$ 之后，通过监控功能，观察程序中各变量存储器中的数值变化，理解程序的作用。

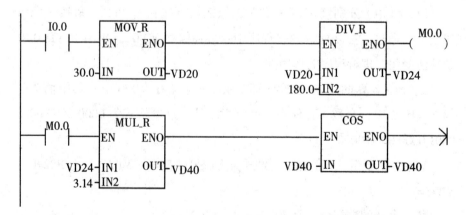

（六）数据转换指令的应用

控制要求：

将 VW20 中的整数 300 和 VD30 中的实数 150.6 相加，应如何解决？

I0.0 接按钮 S$_0$，按下按钮 S$_0$ 之后，通过监控功能，观察程序中各变量存储器中的数值变化，理解程序的作用。

数据运算指令中要求参与运算的数值为同一类型，因此在数据处理时要对数据格式进行转换。

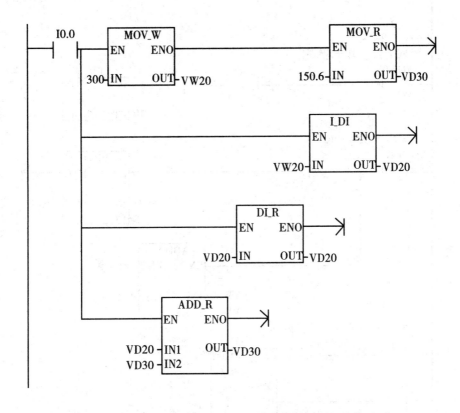

（七）数据运算指令的实际应用——模拟量数据的采集滤波

控制要求：

在模拟量数据采集中，为了防止干扰，经常通过程序进行数据滤波，其中一种方法为平均值滤波法。平均值滤波法要求连续采集 5 次数据并计算平均值，以其值作为采集数。试设计该滤波程序。

## 四、项目报告

编程练习

控制要求：

求半径 $R=10\text{ m}$ 的圆的周长，并将结果转换为整数。试编写程序并通过手工计算验证对错。

```
      I0.0                          I0.1          M0.0
   ───┤ ├───┬──────────────────────┤/├──────────( )
      M0.0  │
   ───┤ ├───┘

网络2  采样定时
      M0.0                    T38           C0            T38
   ───┤ ├────────────────────┤/├───────────┤/├────────┤IN    TON│
                                                       │         │
                                                   10──┤PT  100 ms│

网络3  求平均值
      T38                                          ┌─DIV_I───┐
   ───┤ ├───┬─────────────────────────────────────┤EN   ENO├──▷
            │                                      │         │
            │                                 ATWO─┤IN1   OUT├─VW20
            │                                    5─┤IN2      │
            │
            │                          ┌─ADD_I───┐
            └──────────────────────────┤EN   ENO├──▷
                                       │         │
                                 VW20──┤IN1   OUT├─VW22
                                 VW22──┤IN2      │

网络4  采样5次,结束采样
                                         C0
      T38                            ┌─CU    CTU┐
   ───┤ ├───┬───────────────────────┤CU        │
      C0    │                       │          │
   ───┤ ├───┤                       ┤R         │
      I0.0  │                       │          │
   ───┤ ├───┘                    5──┤PV        │
```

## 项目十三　S7-200 PLC 正负跳变指令和跳转指令的应用

**一、项目目的**

1. 掌握正负跳变指令的应用。

2. 掌握跳转指令的应用。

**二、设备**

1. S7-200 CPU224 或 CPU226 PLC 一台。

2. 安装有编程软件 STEP7-Micro/Win32 的计算机一台。

3. 西门子 PC/PPI 通信电缆一条。

4. 三相异步电动机两台。

5. DC24V 直流稳压电源、AC220V 交流接触器、热继电器、断路器、选择开关、按钮、指示灯 (DC24V)、电工工具及导线若干。

**三、操作内容**

（一）正负跳变指令的应用——改进的电动机自锁控制

1. 控制要求

在电动机的自锁程序中，当按下启动按钮后电动机开始运行，如果启动按钮出现故障不能弹起，按下停止按钮时电动机能够停止转动，一旦松开停止按钮，电动机又马上开始运行了。这种情况在实际生产时是不允许存在的。如何解决这个问题？

采用如下梯形图控制程序即可解决。

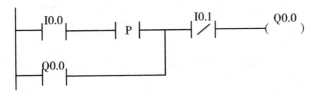

按下启动按钮 I0.0，正跳变触点检测到 I0.0 的上升沿而接通，线圈 Q0.0 得电，电动机自锁运行；按下停止按钮 I0.1，线圈断电，电动机停止转动。即使启动按钮 I0.0 由于故障没能断开，但由于没有检测到 I0.0 的上升沿，正跳变触点不能接通，所以停止按钮 I0.1 闭合后电动机不能运行，只有在 I0.0 断开并再次按下后电动机才能再次运行。

2. 正确完成 PLC 端子与按钮、交流接触器等电器之间的连接。

3. 打开编程软件, 编写程序并下载至 PLC 中。

4. 操作按钮, 观察电动机能否按要求正确运行。

（二）正负跳变指令的又一应用——两台电机的依次起动控制

1. 控制要求

使用一个按钮控制两台电动机依次启动。I0.0、I0.1 分别接按钮 $S_0$、$S_1$, 按下按钮 $S_0$, 第一台电动机甲起动运转, 松开按钮 $S_0$, 第二台电动机乙启动运转。按下 $S_1$, 两台电机同时停止。Q0.0 和 Q0.1 分别控制两个交流接触器的线圈得电或断电, 从而控制相应电动机的启停。用正负跳变指令完成这两台电动机的依次启动控制。

使用跳变指令可以使两台电动机的启动时间分开, 从而防止电动机同时启动对电网造成不良影响。

2. 正确完成 PLC 端子与按钮、交流接触器等电器之间的连接。

3. 打开编程软件, 编写程序并下载至 PLC 中。

4. 操作按钮, 观察电动机能否按要求正确运行。

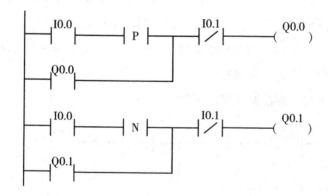

（三）跳转指令的应用——手动 / 自动控制的切换

1. 手动 / 自动控制的切换原理

跳转指令可用来选择执行指定的程序段, 跳过暂时不需要执行的程序段。例如, 在调试生产设备时, 需要手动操作方式; 在生产时, 需要自动操作方式。这就要在程序中编写两段程序, 一段程序用于调试工艺参数,另一段程序用于生产自动控制。

应用跳转指令的程序结构如图 4-23 所示。I0.0 是手动 / 自动选择开关的信号输入端。当 I0.0 未接通时，执行手动程序段，反之执行自动程序段。I0.0 的常开 / 常闭触点起联锁作用，使手动 / 自动两个程序段只能选择其一。

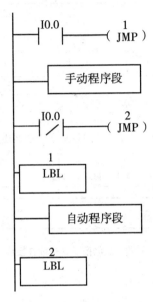

图 4-23 跳转指令的应用程序结构图

2. 控制要求

某台设备具有手动 / 自动两种操作方式。I0.0 所接的按钮 $S_0$ 为操作方式选择开关，当 $S_0$ 处于断开状态时，为手动操作方式；当 $S_0$ 处于接通状态时，为自动操作方式。设备硬件接线如图 4-24 所示。

手动操作控制过程：按 I0.1 所接的按钮 $S_1$，电动机点动运转；按 I0.2 所接的停止按钮 $S_2$，电动机停止。

自动操作方式过程：按按钮 $S_1$，电动机连续运转 60 秒后，自动停止；按停止按钮 $S_2$，电动机立即停止。

3. 正确完成 PLC 端子与按钮、交流接触器等电器之间的连接。

4. 打开编程软件，编写程序并下载至 PLC 中。

5. 操作按钮，观察电动机能否按要求正确运行。

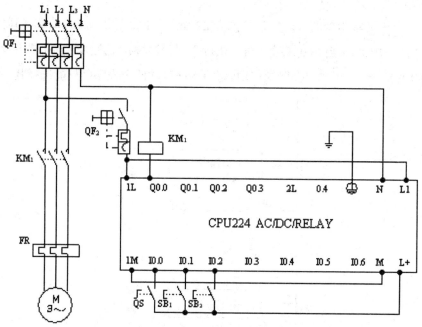

图 4-24　手动／自动控制设备硬件接线

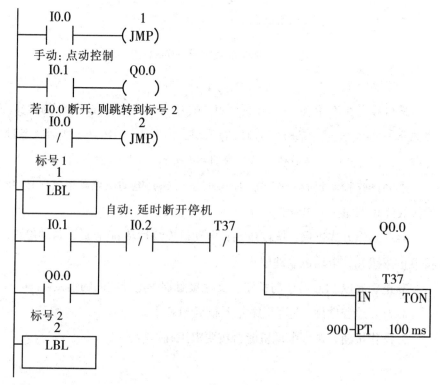

### 四、项目报告

编程练习

控制要求：有三台电动机 M1~M3，设置手动 / 自动两种启停方式。手动操作方式是用每个电动机各自的启停按钮控制 M1~M3 的启停状态。自动操作方式是：按下启动按钮，M1~M3 每隔 5 秒依次启动运行；按下停止按钮，M1~M3 同时停止。

根据上述要求，画出 PLC 控制电动机的硬件接线图，编写控制程序，并调试运行，完成电动机的手动 / 自动控制。

### 项目十四　S7-200 PLC 移位指令和顺序控制指令的应用

**一、项目目的**

1. 掌握移位指令的应用。

2. 掌握顺序控制指令的应用。

**二、设备**

1. S7-200 CPU224 或 CPU226 PLC 一台。

2. 安装有编程软件 STEP7-Micro/Win32 的计算机一台。

3. 西门子 PC/PPI 通信电缆一条。

4. DC24V 直流稳压电源、选择开关、按钮、指示灯 (DC24V)、电工工具及导线若干。

**三、操作内容**

（一）移位指令的应用

1. 字节左移

I0.0 所接的按钮为 $S_0$，利用左移位指令使 PLC 的 Q0.2 有输出，其对应的指示灯变亮。输入程序并验证结果。

若按下按钮 $S_0$ 时，想让 Q0.4 输出，应怎样修改程序？

若把程序中的 1 改为 3，结果如何？

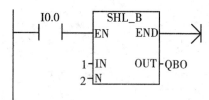

2. 字节右移

I0.0 所接的按钮为 $S_0$，利用右移位指令使 PLC 的 Q0.5 有输出，其对应的指示灯变亮。输入程序并验证结果。

若按下按钮 $S_0$ 时，想由 Q0.6 移位到 Q0.3，应怎样修改程序？

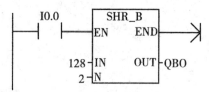

### 3. 字节循环左移

I0.0 所接的按钮为 $S_0$，利用循环左移位指令使 PLC 的 Q0.7 有输出，其对应的指示灯变亮。输入程序并验证结果。

若把程序中的 6 改为 7，结果如何？

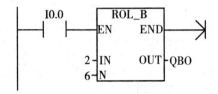

### 4. 字节循环右移

I0.0 所接的按钮为 $S_0$，利用循环右移位指令使 PLC 的 Q0.0 有输出，其对应的指示灯变亮。输入程序并验证结果。

若 IN 输入端 2 不变，想使 Q0.6 有输出，应如何修改 N 输入端的数值？

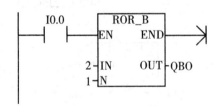

### 5. 字节移位的实际应用——八盏彩灯的循环点亮控制

I0.0 所接的按钮为 $S_0$，按下 $S_0$，Q0.0~Q0.7 所接的八盏灯以间隔 1 秒的速度依次向右循环点亮。输入程序并验证结果。

若想使灯依次向左循环点亮，应如何修改程序？

### （二）顺序控制指令的应用

### 1. 灯的循环点亮控制

I0.0 所接的按钮为 $S_0$，按下 $S_0$，Q0.0 所接的灯 $L_0$ 点亮，1 秒后灯 $L_0$ 灭，Q0.1 所接的灯 $L_1$ 点亮；1 秒后灯 $L_1$ 灭，Q0.2 所接的灯 $L_2$ 点亮；1 秒后灯 $L_2$ 灭，灯 $L_0$ 重新点亮，不断循环。按下 I0.1 对应的按钮 $S_1$，所有灯熄灭。用顺序控制指令编写程序并验证结果。

根据控制要求首先画出灯顺序显示的功能流程图，如图 4-25 所示。

启动条件为按钮 I0.0，步进条件为时间，状态步的动作为灯 $L_0$ 亮，同时启动定时器，步进条件满足时，关断本步，进入下一步。

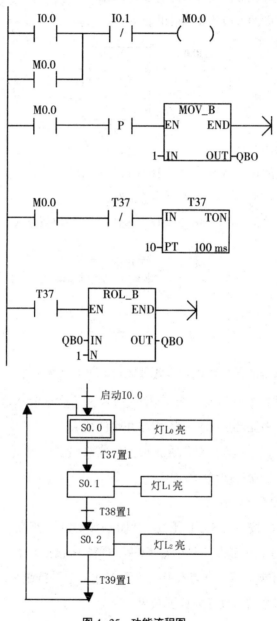

图 4-25　功能流程图

编写梯形图程序，如下图所示。

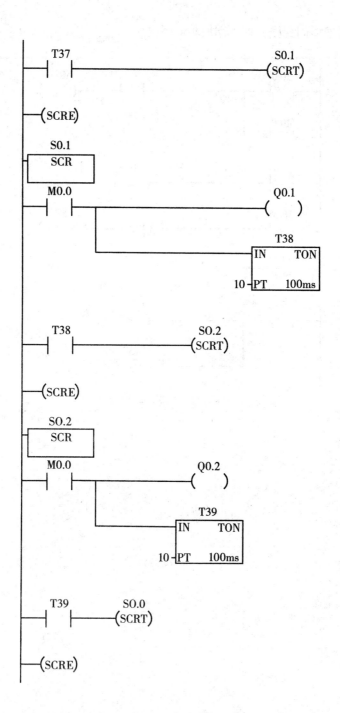

2. 数码管（带译码器）数字循环显示控制

I0.0 所接的按钮为 $S_0$，Q0.0、Q0.1、Q0.2 和 Q0.3 分别接数码管的 A、B、C 和 D 端。按下 $S_0$，数码管的数字从 0 到 3 不断循环显示。按下 I0.1 所接的按钮 $S_1$，数码管停止显示。

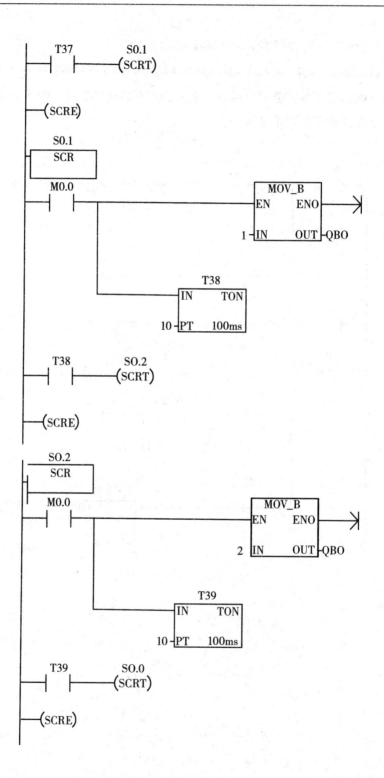

### 四、项目报告

编程练习

控制要求：

I0.0 所接的按钮为 $S_0$，Q0.0、Q0.1、Q0.2 和 Q0.3 分别接数码管（带译码器）的 A、B、C 和 D 端。按下 $S_0$，数码管的数字从 0 到 9 不断循环显示。按下 I0.1 所接的按钮 $S_1$，数码管停止显示。根据上述要求，画出 PLC 控制电动机的硬件接线图，编写控制程序，并调试运行。

若数码管不带译码器，想让数码管的数字从 0 到 9 不断循环显示，应怎样解决？画出 PLC 控制电动机的硬件接线图，编写控制程序，并调试运行。

## 项目十五　变频器功能参数设置与操作

### 一、项目目的

1. 了解变频器基本操作面板（BOP）的功能。

2. 掌握用操作面板（BOP）改变变频器参数的步骤。

3. 掌握用基本操作面板（BOP）快速调试变频器的方法。

### 二、设备

| 序号 | 名　　称 | 型号与规格 | 数量 | 备注 |
|---|---|---|---|---|
| 1 | 实训装置 | THPFSM-2 | 1 | |
| 2 | 导线 | 3 号 | 若干 | |
| 3 | 电机 | WDJ26 | 1 | |

### 三、基本操作面板的认知与操作

### 1. 基本操作面板（BOP）功能说明

| 显示 / 按钮 | 功　能 | 功能说明 |
|---|---|---|
| ┌ 0000 | 状态显示 | LCD 显示变频器当前的设定值 |
| ① | 起动变频器 | 按此键起动变频器。缺省值为运行时此键被封锁。为了使此键的操作有效，应设定 P0700=1 |
| ⓪ | 停止变频器 | OFF1：按此键，变频器将按选定的斜坡下降速率减速停车；缺省值为运行时此键被封锁；为了允许此键操作，应设定 P0700=1<br>OFF2：按两次此键（或按一次，但时间较长）电动机将在惯性作用下自由停车。此功能总是"使能"的 |

| 显示 / 按钮 | 功 能 | 功能说明 |
|---|---|---|
| (改变方向图标) | 改变电动机的转动方向 | 按此键可以改变电动机的转动方向。电动机的反向用负号（－）或闪烁的小数点表示。缺省值为运行时此键被封锁，为了使此键的操作有效，应设定 P0700=1 |
| (jog) | 电动机点动 | 在变频器无输出的情况下按此键，将使电机启动，并按预设的点动频率运行。释放此键时，变频器停车。如果电动机正在运行，按此键将不起作用 |
| (Fn) | 功能 | 此键用于浏览辅助信息：<br>变频器运行过程中，在显示任何一个参数时按住此键保持 2 秒钟，将显示以下参数值：<br>1. 直流回路电压（用 d 表示，单位：V）<br>2. 输出电流（A）<br>3. 输出频率（Hz）<br>4. 输出电压（用 O 表示，单位：V）<br>5. 由 P0005 选定的数值<br>连续多次按下此键，将轮流显示以上参数。<br>跳转功能：<br>在显示任何一个参数（rXXXX 或 PXXXX）时短时间按下此键，将立即跳转到 r0000，如果需要的话，您可以接着修改其他的参数。跳转到 r0000 后，按此键将返回原来的显示点。<br>故障确认：<br>在出现故障或报警的情况下，按下此键可以对故障或报警进行确认 |
| (P) | 访问参数 | 按此键即可访问参数 |
| (▲) | 增加数值 | 按此键即可增加面板上显示的参数数值 |
| (▼) | 减少数值 | 按此键即可减少面板上显示的参数数值 |

## 2. 用基本操作面板更改参数的数值

### （1）改变参数 P0004

| 操作步骤 | | 显示的结果 |
|---|---|---|
| 1 | 按 (P) 访问参数 | r0000 |
| 2 | 按 (▲) 直到显示出 P0004 | P0004 |
| 3 | 按 (P) 进入参数数值访问级 | 0 |
| 4 | 按 (▲) 或 (▼) 达到所需要的数值 | 3 |

| 操作步骤 | | 显示的结果 |
|---|---|---|
| 5 | 按 Ⓟ 确认并存储参数的数值 | P0004 |
| 6 | 按 ▼ 直到显示出 r0000 | r0000 |
| 7 | 按 Ⓟ 返回标准的变频器显示（有用户定义） | |

（2）改变下标参数 P0719

| 操作步骤 | | 显示的结果 |
|---|---|---|
| 1 | 按 Ⓟ 访问参数 | r0000 |
| 2 | 按 ▲ 直到显示出 P0719 | P0119 |
| 3 | 按 Ⓟ 进入参数数值访问级 | in000 |
| 4 | 按 Ⓟ 显示当前的设定值 | 0 |
| 5 | 按 ▲ 或 ▼ 选择运行所需要的最大频率 | 3 |
| 6 | 按 Ⓟ 确认并存储 P0719 的设定值 | P0719 |
| 7 | 按 ▼ 直到显示出 r0000 | r0000 |
| 8 | 按 Ⓟ 返回标准的变频器显示（有用户定义） | |

3. 说明

（1）修改参数的数值时，BOP 有时会显示：

P---- 表明变频器正忙于处理优先级更高的任务。

（2）改变参数数值的一个数。

为了快速修改参数的数值，可以单独修改显示出的每个数字，操作步骤如下：

1）按 Ⓕⁿ（功能键），最右边的一个数字闪烁。

2）按 ▲ / ▼，修改这位数字的数值。

3）再按 Ⓕⁿ（功能键），相邻的下一个数字闪烁。

4）执行 2 至 3 步，直到显示出所要求的数值。

5）按 Ⓟ，退出参数数值的访问级。

4. 变频器复位为出厂的缺省设定值

　　为了把变频器的全部参数复位为出厂的缺省设定值，应该按照下面的数值设定参数：

　　1）设定 P0010=30

　　2）设定 P0970=1

　　完成复位过程至少要 1 分钟。

　　5. 快速调试的流程（见下页图）

**四、实践总结**

1. 总结变频器操作面板（BOP）的功能。

2. 总结变频器操作面板（BOP）的使用方法。

3. 总结利用操作面板（BOP）改变变频器参数的步骤。

4. 总结利用操作面板（BOP）快速调试的方法。

P0010　开始快速调试
0　　准备运行
1　　快速调试
30　工厂的缺省设置值
说明:
在电动机投入运行之前,P0010 必须回到"0"。
但是,如果调试结束选定 P3900=1,那么
P0010 回零的操作是自动进行的。

↓

P0010　选择工作地区是欧洲 / 北美
0　　功率单位为 kW: f 的缺省值为 50Hz
1　　功率单位为 hp: f 的缺省值为 60Hz
2　　功率单位为 kW: f 的缺省值为 60Hz
说明:
P0010 的设定值 0 和 1 应该用 DIP 开关来更改,私企设定的值固定不变。

↓

P0304　电动机的额定电压
10V~2 000 V
根据铭牌键入电动机的额定电压（V）

↓

P0305　电动机的额定电流
0~2 倍变频器额定电流（A）
根据铭牌键入电动机的额定电流（A）

↓

P307　电动机的额定功率
0 ~2 000 kW
根据铭牌键入电动机的额定功率（kW）
如果 P0100=1,功率单位应是 hp

↓

P0310　电动机的额定频率
12 Hz~650 Hz
根据铭牌键入电动机的额定频率 Hz

↓

P0311　电动机的额定速度
0~40 000 r/min
根据铭牌键入电动机的额定速度（rpm）

→

P0700　选择命令源
接通 / 断开 / 反转（on/off/reverse）
0　　工厂设置值
1　　基本操作面板（BOP）
2　　输入端子 / 数字输入

↓

P1000　选择频率设定值
接通 / 断开 / 反转（on/off/reverse）
0　　无频率设定值
1　　用 BOP 控制频率的升降
2　　模拟设定值

↓

P1080　电动机最小频率
本参数设置电动机的最小频率
（0~650Hz）
达到这一频率时电动机的运行速度将
与频率的设定值无关。这里设置的值
对电动机的正转和反转都是适用的

↓

P1082　电动机最大频率
本参数设置电动机的最大频率
（0~650 Hz）
达到这一频率时电动机的运行速度将
与频率的设定值无关。这里设置的值
对电动机的正转和反转都是适用的

↓

P1120　斜坡上升时间
0~650 s
电动机从静止停车加速到最大电动机
频率所需的时间

↓

P1121　斜坡上升时间
0~650 s
电动机从其最大频率减速到静止停车
所需的时间

↓

P3900　结束快速调试
0　　结束快速调试,不进行电动机计
算或复位为工厂缺省设置
1　　结束快速调试,进行电动机计算
和复位为工厂缺省设置值
2　　结束快速调试,进行电动机计算
和 I/0 复位
3　　结束快速调试,进行电动机计算,
但不进行 I/0 复位

### 项目十六 变频器无级调速

#### 一、项目目的

掌握变频器操作面板（BOP）的功能及使用方法。

#### 二、设备

| 序号 | 名 称 | 型号与规格 | 数 量 | 备 注 |
|---|---|---|---|---|
| 1 | 实训装置 | THPFSM-2 | 1 | |
| 2 | 导线 | 3 号 /4 号 | 若干 | |
| 3 | 电动机 | WDJ26 | 1 | |

#### 三、控制要求

1. 正确设置变频器输出的额定频率、额定电压、额定电流、额定功率、额定转速。

2. 通过操作面板（BOP）控制电机启动 / 停止、正转 / 反转。

3. 运用操作面板改变电机的运行频率和加减速时间。

#### 四、参数功能表及接线图

1. 参数功能表

注：（1）设置参数前先将变频器参数复位为出厂的缺省设定值；

（2）设定 P0003=2， 允许访问扩展参数；

（3）设定电机参数时先设定 P0010=1( 快速调试 ), 电机参数设置完成后设定 P0010=0( 准备 )。

| 序号 | 变频器参数 | 出厂值 | 设定值 | 功能说明 |
|---|---|---|---|---|
| 1 | P0304 | 230 | 380 | 电动机的额定电压（380V） |
| 2 | P0305 | 3.25 | 0.35 | 电动机的额定电流（0.35A） |
| 3 | P0307 | 0.75 | 0.06 | 电动机的额定功率（60W） |
| 4 | P0310 | 50.00 | 50.00 | 电动机的额定频率（50Hz） |
| 5 | P0311 | 0 | 1 430 | 电动机的额定转速（1 430 r/min） |
| 6 | P1000 | 2 | 1 | 用操作面板（BOP）控制频率的升降 |
| 7 | P1080 | 0 | 0 | 电动机的最小频率（0Hz） |
| 8 | P1082 | 50 | 50.00 | 电动机的最大频率（50Hz） |
| 9 | P1120 | 10 | 10 | 斜坡上升时间（10s） |
| 10 | P1121 | 10 | 10 | 斜坡下降时间（10s） |
| 11 | P0700 | 2 | 1 | BOP（键盘）设置 |

2. 变频器外部接线图

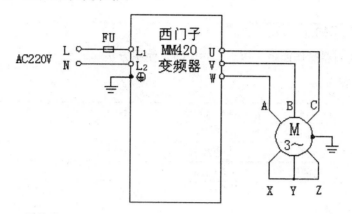

**五、操作步骤**

1. 检查实训设备中器材是否齐全。

2. 按照变频器外部接线图完成变频器的接线，认真检查，确保正确无误。

3. 打开电源开关，按照参数功能表正确设置变频器参数。

4. 按下操作面板按钮 ⬤，起动变频器。

5. 按下操作面板按钮 🔼/🔽，增加或减小变频器输出频率。

6. 按下操作面板按钮 ◐，改变电机的运转方向。

7. 按下操作面板按钮 ⓪，停止变频器。

**六、实践总结**

1. 总结变频器操作面板的功能及使用方法。

2. 记录变频器与电机控制线路的接线方法及注意事项。

## 项目十七　变频器外部端子点动控制

### 一、项目目的

了解变频器外部控制端子的功能，掌握外部运行模式下变频器的操作方法。

### 二、设备

| 序号 | 名　称 | 型号与规格 | 数量 | 备　注 |
|---|---|---|---|---|
| 1 | 实训装置 | THPFSM-2 | 1 | |
| 2 | 导线 | 3号/4号 | 若干 | |
| 3 | 电动机 | WDJ26 | 1 | |

### 三、控制要求

1. 正确设置变频器输出的额定频率、额定电压、额定电流、额定功率、额定转速。

2. 通过外部端子控制电机启动/停止、正转/反转。按下按钮 $S_1$，电机正转启动，松开按钮 $S_1$，电机停止；按下按钮 $S_2$，电机反转启动，松开按钮 $S_2$，电机停止。

3. 使用操作面板改变电机起动的点动运行频率和加减速时间。

### 四、参数功能表及接线图

1. 参数功能表

| 序号 | 变频器参数 | 出厂值 | 设定值 | 功能说明 |
|---|---|---|---|---|
| 1 | P0304 | 230 | 380 | 电动机的额定电压（380V） |
| 2 | P0305 | 3.25 | 0.35 | 电动机的额定电流（0.35A） |
| 3 | P0307 | 0.75 | 0.06 | 电动机的额定功率（60W） |
| 4 | P0310 | 50.00 | 50.00 | 电动机的额定频率（50Hz） |
| 5 | P0311 | 0 | 1 430 | 电动机的额定转速（1 430 r/min） |
| 6 | P1000 | 2 | 1 | 用操作面板（BOP）控制频率的升降 |
| 7 | P1080 | 0 | 0 | 电动机的最小频率（0Hz） |
| 8 | P1082 | 50 | 50.00 | 电动机的最大频率（50Hz） |
| 9 | P1120 | 10 | 10 | 斜坡上升时间（10s） |
| 10 | P1121 | 10 | 10 | 斜坡下降时间（10s） |
| 11 | P0700 | 2 | 2 | 选择命令源（由端子排输入） |
| 12 | P0701 | 1 | 10 | 正向点动 |

| 序号 | 变频器参数 | 出厂值 | 设定值 | 功能说明 |
|---|---|---|---|---|
| 13 | P0702 | 12 | 11 | 反向点动 |
| 14 | P1058 | 5.00 | 30 | 正向点动频率（30Hz） |
| 15 | P1059 | 5.00 | 20 | 反向点动频率（20Hz） |
| 16 | P1060 | 10.00 | 10 | 点动斜坡上升时间（10s） |
| 17 | P1061 | 10.00 | 5 | 点动斜坡下降时间（5s） |

注：（1）设置参数前先将变频器参数复位为出厂的缺省设定值；

（2）设定 P0003=2，允许访问扩展参数；

（3）设定电机参数时先设定 P0010=1(快速调试)，电机参数设置完成后设定 P0010=0(准备)。

2. 变频器外部接线图

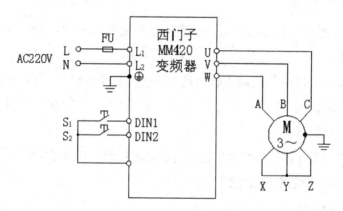

**五、操作步骤**

1.检查实训设备中器材是否齐全。

2.按照变频器外部接线图完成变频器的接线,认真检查,确保正确无误。

3. 打开电源开关，按照参数功能表正确设置变频器参数（具体步骤参照变频器参数功能表）。

4. 按下按钮 $S_1$，观察并记录电机的运转情况。

5. 按下操作面板按钮 ▲，增加变频器输出频率。

6. 松开按钮 $S_1$，待电机停止运行后，按下按钮 $S_2$，观察并记录电机的运转情况。

7. 松开按钮 $S_2$，观察并记录电机的运转情况。

8. 改变 P1058、P1059 的值，重复执行 4~7 步，观察电机运转状态有何变化。

9. 改变 P1060、P1061 的值，重复执行 4~7 步，观察电机运转状态有何变化。

**六、实践总结**

1. 总结使用变频器外部端子控制电机点动运行的操作方法。

2. 记录变频器与电机控制线路的接线方法及注意事项。

## 项目十八　变频器控制电机正转、反转

### 一、项目目的

了解变频器外部控制端子的功能,掌握外部运行模式下变频器的操作方法。

### 二、设备

| 序号 | 名　称 | 型号与规格 | 数　量 | 备　注 |
|---|---|---|---|---|
| 1 | 实训装置 | THPFSM-2 | 1 | |
| 2 | 导线 | 3 号 /4 号 | 若干 | |
| 3 | 电动机 | WDJ26 | 1 | |

### 三、控制要求

1. 正确设置变频器输出的额定频率、额定电压、额定电流、额定功率、额定转速。

2. 通过外部端子控制电机启动/停止、正转/反转。打开 $K_1$、$K_3$ 电机正转,打开 $K_2$ 电机反转,关闭 $K_2$ 电机正转;在正转 / 反转的同时,关闭 $K_3$,电机停止。

3. 运用操作面板改变电机启动的点动运行频率和加减速时间。

### 四、参数功能表及接线图

1. 参数功能表

| 序号 | 变频器参数 | 出厂值 | 设定值 | 功能说明 |
|---|---|---|---|---|
| 1 | P0304 | 230 | 380 | 电动机的额定电压(380V) |
| 2 | P0305 | 3.25 | 0.35 | 电动机的额定电流(0.35A) |
| 3 | P0307 | 0.75 | 0.06 | 电动机的额定功率(60W) |
| 4 | P0310 | 50.00 | 50.00 | 电动机的额定频率(50Hz) |
| 5 | P0311 | 0 | 1 430 | 电动机的额定转速(1 430 r/min) |
| 6 | P0700 | 2 | 2 | 选择命令源(由端子排输入) |
| 7 | P1000 | 2 | 1 | 用操作面板(BOP)控制频率的升降 |
| 8 | P1080 | 0 | 0 | 电动机的最小频率(0Hz) |
| 9 | P1082 | 50 | 50.00 | 电动机的最大频率(50Hz) |
| 10 | P1120 | 10 | 10 | 斜坡上升时间(10s) |
| 11 | P1121 | 10 | 10 | 斜坡下降时间(10s) |
| 12 | P0701 | 1 | 1 | ON/OFF(接通正转 / 停车命令 1) |

| 序号 | 变频器参数 | 出厂值 | 设定值 | 功能说明 |
|------|-----------|--------|--------|----------|
| 13 | P0702 | 12 | 12 | 反转 |
| 14 | P0703 | 9 | 4 | OFF3（停车命令 3）按斜坡函数曲线快速降速停车 |

注：（1）设置参数前先将变频器参数复位为出厂的缺省设定值；

（2）设定 P0003=2，允许访问扩展参数；

（3）设定电机参数时先设定 P0010=1（快速调试），电机参数设置完成后设定 P0010=0（准备）。

2. 变频器外部接线图

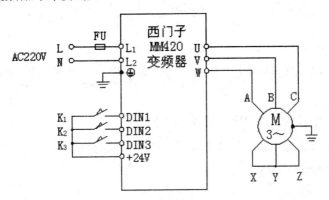

**五、操作步骤**

1. 检查实训设备中器材是否齐全。

2. 按照变频器外部接线图完成变频器的接线，认真检查，确保正确无误。

3. 打开电源开关，按照参数功能表正确设置变频器参数。

4. 打开开关 $K_1$、$K_3$，观察并记录电机的运转情况。

5. 按下操作面板按钮 🔼，增加变频器输出频率。

6. 打开开关 $K_1$、$K_2$、$K_3$，观察并记录电机的运转情况。

7. 关闭开关 $K_3$，观察并记录电机的运转情况。

8. 改变 P1120、P1121 的值，重复执行 4~7 步，观察电机运转状态有何变化。

**六、实践总结**

1. 总结使用变频器外部端子控制电机正转、反转的操作方法。

2. 总结变频器外部端子的不同功能及使用方法。

## 项目十九　外部模拟量（电压／电流）方式的变频器调速控制

### 一、项目目的

了解变频器外部控制端子的功能，掌握外部运行模式下变频器的操作方法。

### 二、设备

| 序号 | 名　称 | 型号与规格 | 数　量 | 备　注 |
|------|--------|-----------|--------|--------|
| 1 | 实训装置 | THPFSM–2 | 1 | |
| 2 | 导线 | 3 号 /4 号 | 若干 | |
| 3 | 电动机 | WDJ26 | 1 | |

### 三、控制要求

1. 正确设置变频器输出的额定频率、额定电压、额定电流、额定功率、额定转速。

2. 通过外部端子控制电机启动／停止。

3. 通过调节电位器改变输入电压来控制变频器的频率。

### 四、参数功能表及接线图

1. 参数功能表

| 序号 | 变频器参数 | 出厂值 | 设定值 | 功能说明 |
|------|-----------|--------|--------|----------|
| 1 | P0304 | 230 | 380 | 电动机的额定电压（380V） |
| 2 | P0305 | 3.25 | 0.35 | 电动机的额定电流（0.35A） |
| 3 | P0307 | 0.75 | 0.06 | 电动机的额定功率（60W） |
| 4 | P0310 | 50.00 | 50.00 | 电动机的额定频率（50Hz） |
| 5 | P0311 | 0 | 1 430 | 电动机的额定转速（1 430 r/min） |
| 6 | P1000 | 2 | 2 | 模拟输入 |
| 7 | P0700 | 2 | 2 | 选择命令源（由端子排输入） |
| 8 | P0701 | 1 | 1 | ON/OFF（接通正转／停车命令1） |

注：（1）设置参数前先将变频器参数复位为出厂的缺省设定值；

（2）设定 P0003=2，允许访问扩展参数；

（3）设定电机参数时先设定 P0010=1（快速调试），电机参数设置完成后设定 P0010=0（准备）。

2.变频器外部接线图

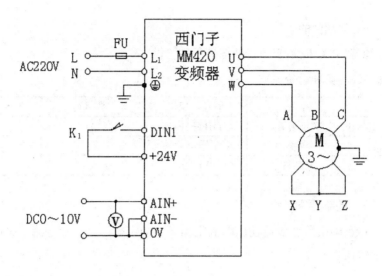

**五、操作步骤**

1.检查实训设备中器材是否齐全。

2.按照变频器外部接线图完成变频器的接线,认真检查,确保正确无误。

3.打开电源开关,按照参数功能表正确设置变频器参数。

4.打开开关 $K_1$,启动变频器。

5.调节输入电压,观察并记录电机的运转情况。

6.关闭开关 $K_1$,停止变频器。

**六、实践总结**

1.总结使用变频器外部端子控制电机点动运行的操作方法。

2.总结通过模拟量控制电机运行频率的方法。

## 项目二十　基于 PLC 的变频器外部端子的电机正转、反转控制

### 一、项目目的

了解 PLC 控制变频器外部端子的方法。

### 二、 实践设备

| 序号 | 名　称 | 型号与规格 | 数　量 | 备　注 |
|---|---|---|---|---|
| 1 | 实训装置 | THPFSM-2 | 1 | |
| 2 | 导线 | 3 号 /4 号 | 若干 | |
| 3 | 电动机 | WDJ26 | 1 | |

### 三、控制要求

1.正确设置变频器输出的额定频率、额定电压、额定电流、额定功率、额定转速。

2.通过外部端子控制电机启动 / 停止、正转 / 反转。按下按钮 $S_1$，电机正转启动，按下按钮 $S_3$，电机停止，待电机停止运转，按下按钮 $S_2$，电机反转。

3.运用操作面板改变电机启动的点动运行频率和加减速时间。

### 四、参数功能表及接线图

1.参数功能表

| 序号 | 变频器参数 | 出厂值 | 设定值 | 功能说明 |
|---|---|---|---|---|
| 1 | P0304 | 230 | 380 | 电动机的额定电压（380V） |
| 2 | P0305 | 3.25 | 0.35 | 电动机的额定电流（0.35A） |
| 3 | P0307 | 0.75 | 0.06 | 电动机的额定功率（60W） |
| 4 | P0310 | 50.00 | 50.00 | 电动机的额定频率（50Hz） |
| 5 | P0311 | 0 | 1 430 | 电动机的额定转速（1 430r/min） |
| 6 | P0700 | 2 | 2 | 选择命令源（由端子排输入） |
| 7 | P1000 | 2 | 1 | 用操作面板（BOP）控制频率的升降 |
| 8 | P1080 | 0 | 0 | 电动机的最小频率（0Hz） |
| 9 | P1082 | 50 | 50.00 | 电动机的最大频率（50Hz） |
| 10 | P1120 | 10 | 10 | 斜坡上升时间（10s） |
| 11 | P1121 | 10 | 10 | 斜坡下降时间（10s） |
| 12 | P0701 | 1 | 1 | ON/OFF（接通正转 / 停车命令 1） |
| 13 | P0702 | 12 | 12 | 反转 |
| 14 | P0703 | 9 | 4 | OFF3（停车命令 3）按斜坡函数曲线快速降速停车 |

注：（1）设置参数前先将变频器参数复位为出厂的缺省设定值；

（2）设定 P0003=2，允许访问扩展参数；

（3）设定电机参数时先设定 P0010=1（快速调试），电机参数设置

完成后设定 P0010=0（准备）。

2. 变频器外部接线图

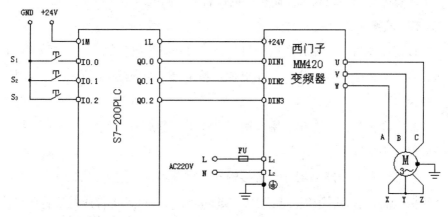

**五、操作步骤**

1. 检查实训设备中器材是否齐全。

2. 按照变频器外部接线图完成变频器的接线，认真检查，确保正确无误。

3. 打开电源开关，按照参数功能表正确设置变频器参数。

4. 打开示例程序或用户编写的控制程序，进行编译，有错误时根据提示信息修改，直至无误，用 PC/PPI 通信编程电缆连接计算机串口与 PLC 通信口，打开 PLC 主机电源开关，下载程序至 PLC 中，下载完毕后将 PLC 的 RUN/STOP 开关拨至 RUN 状态。

5. 按下按钮 $S_1$，观察并记录电机的运转情况。

6. 按下操作面板按钮 ▲，增加变频器输出频率。

7. 按下按钮 $S_3$，等电机停止运转后，按下按钮 $S_2$，电机反转。

**六、实践总结**

1. 总结使用变频器外部端子控制电机点动运行的操作方法。

2. 记录变频器与电机控制线路的接线方法及注意事项。

## 项目拓展三 制药包衣机控制系统装配及调试

### 一、项目目的

1. 掌握温控表及测温元件的结构、工作原理及应用方法。

2. 掌握台达变频器的使用方法。

3. 熟练对制药包衣机控制系统进行装配及调试。

### 二、设备

1. 需要设备：三相异步电动机两台、单相异步电动机一台、直流电动机一台、台达变频器一台、三相电加热箱一台、24V 直流电源一台、温控表一台。

2. 需要工具：尖嘴钳、钢丝钳、剥线钳、电工刀、活扳手、手电钻、压接钳、手锯等。

3. 需要材料：断路器、交流接触器、热继电器、按钮、端子排、冷压接线头；5mm 厚的层压板；导线 RV–1.5 mm²、2.5 mm² 四芯橡胶线各若干米。

### 三、高效包衣机简介

在特定的设备中按特定的工艺将糖料或其他能成膜的材料涂覆在药物固体制剂的外表面，使其干燥后成为紧密黏附在表面的一层或数层不同厚薄、不同弹性的多功能保护层，这个多功能保护层就叫包衣。包衣一般应用于固体形态制剂，根据包衣物料不同可以分为粉末包衣、微丸包衣、颗粒包衣、片剂包衣、胶囊包衣；根据包衣材料不同分为糖包衣、半薄膜包衣、薄膜包衣（以种类繁多的高分子材料为基础，包括肠溶包衣）、特殊材料包衣（如硬脂酸、石蜡、多聚糖）；根据包衣技术不同分为喷雾包衣、浸蘸包衣、干压包衣、静电包衣、层压包衣，其中以喷雾包衣应用最为广泛，其原理是将包衣液喷成雾状液滴覆盖在物料（粉末、颗粒、片剂）表面，并迅速干燥形成衣层；根据包衣目的不同分为水溶性包衣、胃溶性包衣、不溶性包衣、缓释包衣、肠溶包衣。包衣的作用包括：①防潮、避光、隔绝空气以增加药物稳定性；②掩盖不良嗅味，减少刺激；③改善外观，便于识别；④控制药物释放部位，如使在胃液中易被破坏者到肠中释放；⑤控制药物扩散、释放速度；⑥克服配伍禁忌等。包衣材料一般应具有如下要求：①无毒、无化学惰性，在热、光、水分、空气中稳定，不与包衣药物发生反应；②能溶解成均匀分散在适于包衣的分散介质中；③能形成连续、牢固、光滑的衣层，有抗裂性及良好的隔水、隔湿、遮光、不透气作用；④其溶解性应满足一定要求，有时需不受 PH 影响，有时只能在某特定 PH 范围内溶解。同时具有以上特点的一种材料还不多见，故多倾向于使用混合包衣材料，以取长补短。

片剂包衣应用最广泛，它常采用锅包衣和埋管式包衣（高效包衣机包衣），后者应用于薄膜包衣效果更佳。粒径较小的物料如微丸和粉末的包衣采用流化床包衣较合适。

（一）包衣机外观

包衣机外观如图 4-26 所示。

图 4-26 制药行业包衣机

（二）电气控制原理

1.电气控制系统组成

本书以高效包衣机为例讲解包衣机的电气控制系统。高效包衣机是对中、西药片片芯外表进行糖衣、薄膜等包衣的设备，是集强电、弱电、液压、气动于一体，由原普通型糖衣机改造而成的新型设备。主要由主机（原糖衣机）、可控常温热风系统、自动供液供气的喷雾系统等部分组成。主电机可变频调速，它是用电器自动控制的办法将包衣辅料用高雾化喷枪喷到药片表面上，同时药片在包衣锅内做连续复杂的轨迹运动，使包衣液均匀包在药片片芯上，锅内有可控常温热风同时对药片进行干燥，使药片表面快速形成坚固、细密、完整、圆滑的表面薄膜。配件：调速器、喷枪、液杯、包衣锅、鼓风机。

2. 电气控制电路图及控制原理

图 4-27、图 4-28 为 JGB-400 高效包衣机电气控制原理图。

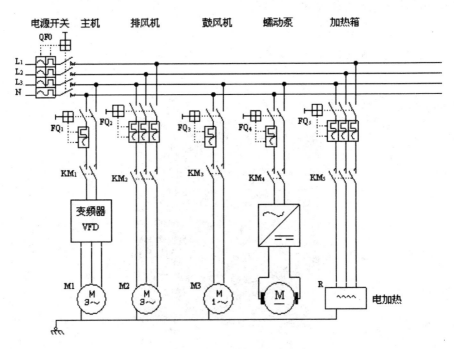

图 4-27　JGB-400 高效包衣机主电路图

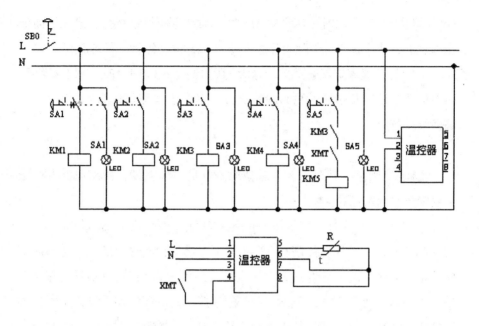

图 4-28 JGB-400 高效包衣机控制电路

（三）操作及注意事项

本书以 JGB-400 高效包衣机为例讲解高效包衣机的操作规程及注意事项。

1. 准备工作

（1）检查包衣机及辅助设备、环境卫生是否符合要求，锅内不得有杂物。

（2）启动总电源开关，依次打开附机开关、主机开关、排风开关、鼓风开关，最后开加热开关（不需要时可不开）。注意要使包衣机内保持微小的负压，即排风量大于进风量；检查主机及各系统能否正常运转，空气压缩机压力是否充足。

（3）安装蠕动泵管。

2. 片芯预热

先预热包衣机，然后将筛净粉尘的片芯加入包衣锅内，关闭进料门。先打开排风与鼓风开关，然后开启包衣滚筒，调整转速为 5~8 r/min，设定较高加热温度，启动加热，将片芯预热至 40~45℃，并吹出粉尘。

（1）安装调整喷嘴：把喷枪及枪支架调整到适当位置，调整喷嘴位置使其位于片芯流动时片床上端 1/3 处，喷雾方向尽量平行于进风风向，并垂直于流动片床，喷枪距离片芯大约 20~25 cm，然后拧紧各旋钮。

（2）打开喷雾空气管道上的球阀，压力调至 0.3~0.4 MPa。开启蠕动泵，调整蠕动泵转速及喷枪顶端的调整螺钉，使喷雾达到理想要求，然后关闭蠕动泵以备用。

3. 包衣

（1）出风温度升至工艺要求值时，降低进风温度，待出风温度稳定至规定值时开始包衣。

（2）启动蠕动泵，将配置好的包衣料液，用喷枪雾化均匀喷向转动的片芯表面，一般片温控制在 38~40℃（手摸感觉不热为准）。通过调节蠕动泵的转速来调节流量、雾化气体的压力和气量，以达到最佳的雾化效果。调整转速为 15~20 r/min，喷雾过程中要注意检查包衣质量，调整包衣机转速、喷速及喷雾位置，使包衣片不得有粘连，直至喷完规定量的包衣液。在包衣过程中，要注意检查喷枪工作情况，如有阻塞，要及时清洁和替换喷头。

（3）喷液完毕后，先关蠕动泵。继续加热干燥，待片面干燥达到要求后关掉热风开关；然后降低转速，开始吹凉风，直至片温凉至室温时停止排风。

（4）包衣过程完毕后，依次关掉鼓风开关、排风开关、附机开关、主机开关，再将旋转支臂连同喷枪支架转出包衣机滚筒外。取出包衣片，密封后贮存。

**四、装配调试**

按照国家对电器配盘的要求进行装配调试。

**五、项目报告**

项目完成后，要求写出项目报告，报告应包含以下内容：

1. 项目目的。

2. 绘制制药包衣机控制系统线路图。

3. 简述装配调试过程及存在的困难与问题。

### 项目拓展四　19 冲压片机 PLC 控制系统设计

**一、项目目的**

1. 掌握接近开关、光电开关和编码器的结构、工作原理及应用方法。

2. 掌握步科触摸屏或昆仑通态触摸屏软件的使用方法。

3. PLC、变频器和触摸屏的硬件接线方法。

4. 熟练对 19 冲压片机进行触摸屏、PLC 和变频器控制系统设计、装配及调试。

**二、设备**

1. 需要设备：三相异步电动机一台、触摸屏 MT4300C 一台、变频器 MM440 一台、西门子 PLC(CPU224XP) 一台。

2. 需要工具：尖嘴钳、钢丝钳、剥线钳、电工刀、活扳手、手电钻、压接钳、手锯等。

3. 需要材料：断路器、接触器、热继电器、按钮、光电开关、接近开关、编码器、刹车电阻、端子排、冷压接线头、24V 直流电源；5 mm 厚的层压板；导线 RV–1.5 mm$^2$、2.5 mm$^2$ 四芯橡胶线各若干米。

**三、项目要求**

在对 19 冲压片机机械结构不做改动以及投入少量资金的前提下，对其电气控制系统进行技术改造，采用触摸屏、PLC 和变频器控制压片机的运行，使压片机试车劳动强度大幅度降低。电动机调速采用变频器调速，简单易行且调节范围变宽，变频器配置刹车电阻对电动机可进行紧急制动，若遇到紧急情况能急停，阻止事故进一步扩大。压片机能够实现药片数量的自动计数，使该类压片机的自动化水平获得一定程度的提高，较大地减轻操作人员的劳动强度，提高了操作人员及设备的安全性。利用 PLC 的定时器指令可对压片机进行定时控制。详细控制过程如下所述。

触摸屏与 PLC、变频器构成通信控制系统，触摸屏控制 PLC 的运行，由 PLC 与变频器根据编写的程序进行 RS485 通信，变频器驱动压片机的电动机运行，从而带动压片机的转盘运转压片。触摸屏上设置了点动调试和启停开关，在压片机正式压片前，先通过点动调试按钮对压片机进行调试，调试时对电动机的转速进行了限制，使压片机在低速下运行，保证操作人员能及时发现故障并停车。调试运行正常后，即可按下启停按钮进行正式压片生产。触摸屏上设置了电动机的加减速按钮，可以根据生产要求，及时改变电动机的转速，从而改变药片生产速度。编码器通过联轴器与电动机的运转轴相连，可以及时地把电机的转速传送给 PLC，由 PLC 根据程序转换为药片数量在触摸屏上实时显示。触摸屏上设置了药片清零按钮，在压片计数前可对原存数量进行清零，保证计数的正确性。

### 四、19 冲压片机 PLC 控制系统电路图设计（供参考）

根据西门子 PLC(CPU224XP) 对变频器 MM440 起停及转速控制方式的不同，可以设计如下两种电路图。本项目只对第一种设计进行 PLC 编程和触摸屏画面编辑，如图 4-29 所示。利用 PLC 模拟量输出对变频器转速进行控制，所用的与 PLC 进行连接的计数装置为光电开关。对于第二种设计，如图 4-30 所示，利用 PLC 的 USS 协议指令对变频器启停及转速进行控制，所用的与 PLC 进行连接的计数装置可采用编码器，由学生自主完成 PLC 编程、触摸屏画面编辑、设备装配及调试。

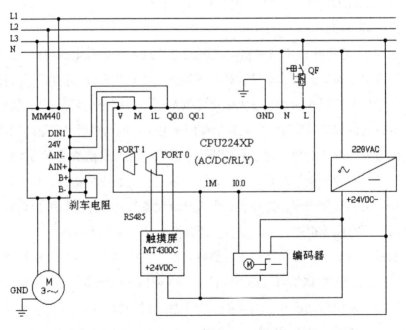

**图 4-29 利用 PLC 模拟量输出对变频器转速进行控制线路图（一）**

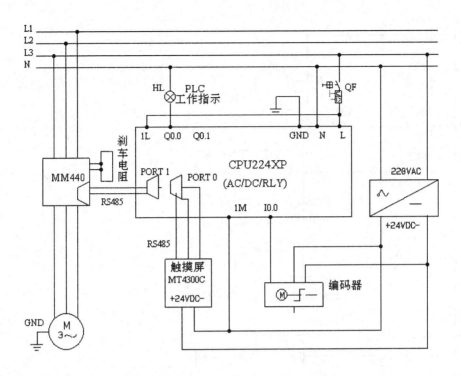

图 4-30 利用 PLC 模拟量输出对变频器转速进行控制线路图（二）

### 五、控制系统 PLC 编程（供参考）

控制系统 PLC 编程需结合所用步科触摸屏 MT4300C 的画面功能键设计，程序中 M0.0 为触摸屏设备操作页面中启停功能键的地址，M0.1 为设备操作页面中点动调试功能键的地址，M0.2 为设备操作页面中定时起停功能键的地址，M0.3 为设备操作页面中计数清零功能键的地址，VW0 为设备操作页面中数值输入键"转速设置"的地址，VW4 为设备操作页面中数值输入键"定时设置"的地址，VW8 为设备操作页面中数值显示键"药片计数"的地址，两个转速快调功能键的地址与转速设置键的地址相同，均为 VW0。

```
     M0.0                        Q0.0
    ──┤ ├──┬──────────────────────( )
            │
     M0.1   │                    Q0.1
    ──┤ ├──┤                      ( )
            │
     M0.2   │        T37
    ──┤ ├──┴────────┤/├──


     M0.2              ┌─────────────┐
    ──┤ ├──┬──────────┤   MUL_I      ├──┤>
            │          │ EN      ENO │
            │          │             │
            │      VW4─┤IN1      OUT ├─AC2
            │      +10─┤IN2          │
            │          └─────────────┘
            │
            │          ┌─────────────┐
            │          │   MOV_W     ├──┤>
            └──────────┤ EN      ENO │
                       │             │
                   AC2─┤IN       OUT ├─VW12
                       └─────────────┘


     SM0.0             ┌─────────────┐
    ──┤ ├──┬──────────┤   MUL_I      ├──┤>
            │          │ EN      ENO │
            │          │             │
            │      VW0─┤IN1      OUT ├─AC0
            │     +640─┤IN2          │
            │          └─────────────┘
            │
            │          ┌─────────────┐              ┌──────────────┐ T37
            │          │   MOV_W     ├──────────────┤IN       TON  │
            └──────────┤ EN      ENO │              │              │
                       │             │              │              │
                   AC0─┤IN       OUT ├─AQW0    VW12─┤PT    100 ms  │
                       └─────────────┘              └──────────────┘


     I0.0             ┌───────────┐ C0
    ──┤ ├──┤ ├───────┤CU     CTU │
                      │           │
     M0.3             │           │
    ──┤ ├──┤ ├───────┤R          │
                      │           │
                  10─┤PV          │
                      └───────────┘


     SM0.0           ┌─────────────┐
    ──┤ ├──┤ ├───────┤   MOV_W     ├──┤>
                      │ EN      ENO │
                      │             │
                   C0─┤IN       OUT ├─VW8
                      └─────────────┘
```

### 六、触摸屏 MT4300C 画面编辑（供参考）

结合 PLC 程序，触摸屏 MT4300C 制作了五幅页面，包括触摸屏画面首页、触摸屏第二页"页面选择"画面、触摸屏第三页"操作规程"画面、触摸屏第四页"设备操作"画面、触摸屏第五页"设计说明"画面。在触摸屏第二页设置了操作规程、设备操作、设计说明和返回首页等功能项，点击某个功能项即可进入该功能项所对应的页面。

点击触摸屏控制画面第二页的设备操作功能项，即可进入触摸屏控制画面第三页，该页面设置了点动调试按钮和启停按钮。在压片机正式压片前，先通过点动调试按钮对压片机进行调试，调试时对电动机的转速进行了限制，使压片机的电动机以输入电源频率 $f=10Hz$ 的转速运行，保证操作人员能及时发现故障并停车。调试运行正常后，即可按下启停按钮进行正式压片生产。触摸屏上设置了电动机的加减速按钮，每触摸一次该功能键，电机的运转频率即可加减 10Hz，可以根据生产要求，及时迅速地改变电动机的转速，从而改变生产速度。触摸屏上同时还设置了电动机的输入电源频率功能键"转速设置"，点击该功能键，会出现一个数字输入键盘，可以根据生产要求，输入操作者认可的任意电机运转的频率，从而达到理想的生产速度。

触摸屏第三页上还设置了药片计数功能键。采用光电开关或编码器均可测出生产的药片数量，光电开关适用于低转速生产状况，编码器适用于高转速生产状况。把光电开关安装在上冲或下冲经过的位置，经过的冲模每次对光电开关所发出的红外线产生遮挡，光电开关就通断一次，光电开关信号端与 PLC 输入端 I0.0 连接，则 I0.0 也要通断一次，PLC 就可利用计数器指令编程进行计数。也可将编码器通过联轴器与电动机的运转轴相连，编码器可将电机的转速传送给 PLC，由 PLC 根据程序转换为药片数量在触摸屏上实时显示。同时，触摸屏上设置了药片清零按钮，在压片计数前可对原存数量进行清零，保证计数的正确性。

触摸屏第三页上还设置了定时设置功能键，可在触摸屏上设定压片机运转的时间，按下定时起停功能键，即可对压片机生产进行定时控制。

触摸屏主要画面编辑如下：

1. 初始画面

制药压片机PLC控制系统

进入系统

设计者:X X X

X X X制药股份有限公司

2. 页面选择画面

页面选择

操作规程　　设备操作

设计说明　　返回首页

3. 设备操作画面

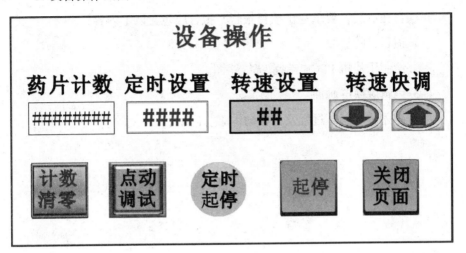

**七、变频器参数设置（供参考）**

1. 设置参数前先将变频器参数复位为出厂的缺省设定值；

2. 设定 P0003=2，允许访问扩展参数；

3. 设定电机参数时先设定 P0010=1( 快速调试 )；

4. 按照如下参数功能表调整变频器参数。

| 序号 | 变频器参数 | 出厂值 | 设定值 | 功能说明 |
|------|-----------|--------|--------|----------|
| 1 | P0304 | 230 | 380 | 电动机的额定电压（380V） |
| 2 | P0305 | 3.25 | 0.35 | 电动机的额定电流（0.35A） |
| 3 | P0307 | 0.75 | 0.06 | 电动机的额定功率（60W） |
| 4 | P0310 | 50.00 | 50.00 | 电动机的额定频率（50Hz） |
| 5 | P0311 | 0 | 1430 | 电动机的额定转速（1 430 r/min） |
| 6 | P1000 | 2 | 2 | 模拟输入 |
| 7 | P0700 | 2 | 2 | 选择命令源（由端子排输入） |
| 8 | P0701 | 1 | 1 | ON/OFF（接通正转/停车命令1） |

5. 电机参数设置完成后设定 P0010=0。

**八、装配调试**

按照国家对电器配盘的要求进行装配调试。

## 九、项目报告

项目完成后，要求写出项目报告，报告应包含以下内容：

1. 项目目的。

2. 绘制压片机 PLC 控制系统线路图。

3. 编辑触摸屏画面。

4. 简述装配调试过程及存在的困难与问题。

**知识拓展**

**一、变频器**

1. 变频器简介

变频器（Variable-frequency Drive，VFD）是应用变频技术与微电子技术，通过改变电机工作电源频率来控制交流电动机的电力控制设备。变频器主要由整流（交流变直流）、滤波、逆变（直流变交流）、制动单元、驱动单元、检测单元、微处理单元等组成。变频器靠内部IGBT的开断来调整输出电源的电压和频率，根据电机的实际需要来提供其所需要的电源电压，进而达到节能、调速的目的。另外，变频器还有很多的保护功能，如过流、过压、过载保护等等。随着工业自动化程度的不断提高，变频器也得到了非常广泛的应用。

2. 变频器的工作原理

交流电动机的异步转速表达式为：$n = \dfrac{60\,f(1-s)}{p}$

其中，$n$—异步电动机的转速，$f$—异步电动机的频率，$s$—电动机转差率，$p$—电动机极对数。由以上转速公式可知，电动机的输出转速与输入的电源频率、转差率、电机的极对数有关。因而交流电动机的直接调速方式主要有变极调速（调整$p$）、转子串电阻调速或串级调速或内反馈电机（调整$s$) 和变频调速（调整$f$) 等。而现在运用最广泛的就是变频调速，由于转速$n$与频率$f$成正比，只要改变频率$f$即可改变电动机的转速，当频率$f$在0~50Hz 的范围内变化时，电动机转速调节范围非常宽。变频器就是通过改变电动机电源频率实现速度调节的，是一种理想的、高效率、高性能的调速手段。

3. 变频器的结构

变频器分为交–交和交–直–交两种形式。交–交变频器是将工频交流电直接变换成频率、电压均可控制的交流电，又称为直接变频器。而交–直–交变频器则是先把工频交流电通过整流器变换成直流电，然后再把直流电通过逆变器变换成频率、电压均可控制的交流电，又称为间接变频器。目前变频器的生产厂家有很多，如施耐德、三菱、富士、西门子等；变频器的型号也各不相同，但其通用功能基本相似。

通用变频器主要采用交－直－交方式（VVVF 变频或矢量控制变频）。结构主要由整流（交流变直流）、滤波、逆变（直流变交流）、制动单元、驱动单元、检测单元、微处理单元等组成的。

变频器中的整流器可由二极管或晶闸管单独构成，也可由两者共同构成。由二极管构成的是不可控整流器，由晶闸管构成的是可控整流器。二极管和晶闸管用的整流器都是半控整流器。逆变器是变频器最后一个环节，其后与电动机相连，最终产生适当的输出电压。

控制电路是给为异步电动机供电（电压、频率可调）的主电路提供控制信号的回路。它由频率、电压的"运算电路"，主电路的"电压、电流检测电路"，电动机的"速度检测电路"，将运算电路的控制信号进行放大的"驱动电路"，以及逆变器和电动机的"保护电路"组成。

（1）运算电路：将外部的速度、转矩等指令同检测电路的电流、电压信号进行比较运算，决定逆变器的输出电压、频率。

（2）电压、电流检测电路：与主回路电位隔离，检测电压、电流等。

（3）驱动电路：驱动主电路器件的电路。它与控制电路隔离，使主电路器件导通、关断。

（4）速度检测电路：以装在异步电动机轴机上的速度检测器(tg、plg 等)的信号为速度信号，送入运算回路，根据指令和运算可使电动机按指令速度运转。

（5）保护电路：检测主电路的电压、电流等，当发生过载或过电压等异常时，为了防止逆变器和异步电动机损坏，使逆变器停止工作或抑制电压、电流值。

4. 变频器的分类

变频器的分类方法有多种，按照主电路工作方式分类，可以分为电压型变频器和电流型变频器；按照开关方式分类，可以分为 PAM 控制变频器、PWM 控制变频器和高载频 PWM 控制变频器；按照工作原理分类，可以分为 V/f 控制变频器、转差频率控制变频器和矢量控制变频器等；在变频器修理中，按照用途分类，可以分为通用变频器、高性能专用变频器、高频变频器、单相变频器和三相变频器等。

在交流变频器中使用的非智能控制方式有 V/f 协调控制、转差频率控制、矢量控制、直接转矩控制等。V/f 控制是为了得到理想的转矩－速度特性，基于在改变电源频率进行调速的同时，义要保证电动机的磁通不变的思想而提出的，通用型变频器基本上都采用这种控制方式。V/f 控制变频器结构非常简单，但是这种变频器采用开环控制方式，不能达到较高的控制性能，而且，在低频时必须进行转矩补偿，以改变低频转矩特性。转差频率控制是一种直接控制转矩的控制方式，它是在 V/f 控制的基础上，按照异步电动机的实际转速对应的电源频率，并根据希望得到的转矩来调节变频器的输出频率，最终使电动机具有对应的输出转矩。矢量控制是通过矢量坐标电路控制电动机定子电流的大小和相位，以对电动机在 d、q、o 坐标轴系中的励磁电流和转矩电流分别进行控制，进而达到控制电动机转矩的目的。通过控制各矢量的作用顺序和时间以及零矢量的作用时间，又可以形成各种 PWM 波，以达到各种不同的控制目的。直接转矩控制是利用空间矢量坐标的概念，控制电动机的磁链和转矩，通过检测定子电阻来达到观测定子磁链的目的，因此省去了矢量控制等复杂的变换计算，系统直观、简洁，计算速度和精度都比矢量控制方式有所提高。

5. 变频器的信号给定方式

变频器常见的频率给定方式主要有：操作器键盘给定、接点信号给定、模拟信号给定、脉冲信号给定和通信方式给定等。这些频率给定方式各有优缺点，须按照实际所需进行选择设置。

6. MM420 变频器

MM420 变频器适用于各种变速驱动装置，可作为传送带系统、物料运输系统、水泵、风机、机械加工设备的传动装置，其接线图如图 4-31 所示。优点：结构紧凑，体积小，便于安装，多用途的输入和输出。有多种调试方法，可以用操作面板进行调试，也可以通过免费提供的软件调试工具进行调试。

可对加速和减速时间进行设置 (0 ~ 650 s)。复合制动功能可实现可控的快速制动。允许设置 4 个跳转频率，可以在驱动系统出现谐振时把机械所受的应力降低到最小。自动再启动功能增加了设备的利用率。当变频器与正在转动的电动机接通时，电动机所受的冲击应力最小（捕捉再启动功能）。可以接入 IT 网络中使用。内置各种保护功能。

（1）主要特征

200~240V ± 10%，单相 / 三相，交流，0.12~5.5kW; 380~480V ± 10%，三相，交流，0.37~11kW；模块化结构设计，具有最大程度的灵活性；标准参数访问结构，操作方便。

（2）控制功能

线性 U/f 控制，平方 U/f 控制，可编程多点设定 U/f 控制；磁通电流控制 (FCC)，可以改善动态响应特性；最新的 IGBT 技术，数字微处理器控制；3 个数字量输入，1 个模拟量输入，1 个模拟量输出，1 个继电器输出；集成 RS–485 通信接口，可选 PROFIBUS–DP 通信模块 /Device–Net 模板；具有 7 个固定频率，4 个跳转频率，可编程；捕捉再启动功能；在电源消失或故障时具有自动再启动功能；灵活的斜坡函数发生器，带有起始段和结束段的平滑特性；快速电流限制 (FCL)，防止运行中不应有的跳闸；由直流制动和复合制动方式提高制动性能；采用 BiCo 技术，实现 I/O 端口自由连接。

（3）保护功能

过载能力为 150% 额定负载电流，持续时间 60 s;过电压、欠电压保护；变频器过温保护；接地故障保护，短路保护；电动机过热保护；采用 PTC 通过数字端接入的电动机过热保护；采用 PIN 编号实现参数连锁；闭锁电动机保护，防止失速保护。

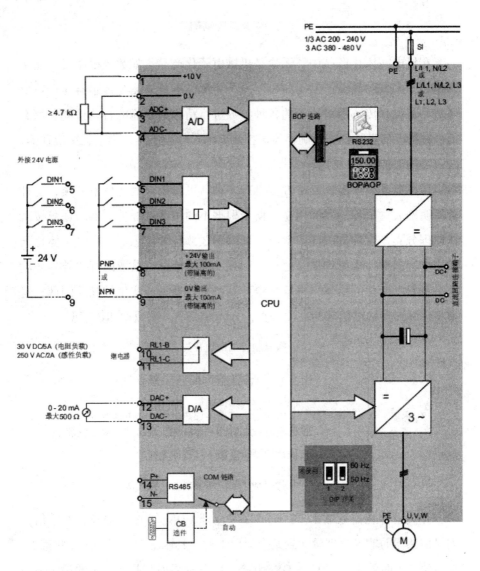

图 4-31 MM420 变频器接线图

### 二、检测与传感器

在机电一体化产品中，无论是机械电子化产品（如数控机床），还是机电相互融合的高级产品（如机器人），都离不开检测与传感器这个重要环节。若没有传感器对原始的各种参数进行精确而可靠的自动检测，那么信号转换、信息处理、正确显示、控制器的最佳控制等，都是无法实现的。

（一）传感器的分类

传感器种类繁多，分类方法也有多种，可以按被测物理量分类，这种分法明确表达了传感器的用途，便于根据不同用途选择传感器。还可按工作原理分类，这种分法便于学习、理解和区分各种传感器。机电一体化产品主要以微型计算机作信息处理机和控制器，传感器获取的有关外界环境及自身状态变化的信息，将反馈给计算机进行处理或实施控制。因此，这里将传感器按输出信号的性质分类，分为开关型、模拟型和数字型

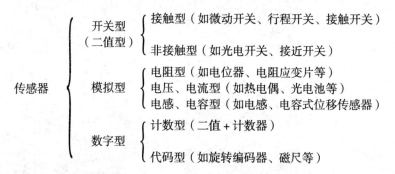

开关型传感器只输出"1"和"0"或开（ON）和关（OFF）两个值。如果传感器的输入物理量达到某个值以上时，其输出为"1"（ON 状态），在该值以下时输出为"0"（OFF 状态），其临界值就是开、关的设定值。这种"1"和"0"数字信号可直接送入微型计算机进行处理。

模拟型传感器的输出是与输入物理量变化相对应的连续变化的电量。传感器的输入 / 输出关系可能是线性的，也可能是非线性的。线性输出信号可直接采用，而非线性输出信号则需进行线性化处理。这些线性信号一般需进行模拟 / 数字转换（A/D），将其转换成数字信号后再送给微型计算机处理。

数字型传感器有计数型和代码型两大类。计数型又称脉冲计数型，它可以是任何一种脉冲发生器，所发出的脉冲数与输入量成正比，加上计数器就可以对输入量进行计数。计数型传感器可用来检测通过输送带上的产品个数，也可用来检测执行机构的位移量，这时执行机构每移动一定距离或转动一定角度就会发出一个脉冲信号。例如，光栅检测器和增量式光电编码器就是如此。代码型传感器即绝对值式编码器，它输出的信号是二进制数字代码，每个代码相当于一个一定的输入量的值。代码的"1"为高电平，"0"为低电平，高低电平可用光电元件或机械式接触元件输出。通常被用来检测执行元件的位置或速度，如绝对值型光电编码器、接触型编码器等。

（二）光电编码器

光电编码器是一种码盘式角度－数字检测元件。它有两种基本类型：一种是增量式编码器，一种是绝对式编码器。增量式编码器具有结构简单、价格低、精度易于保证等优点，所以目前应用最广泛。绝对式编码器能直接给出对应于每个转角的数字信息，便于计算机处理，但当进给数大于一转时，须做特别处理，而且必须用减速齿轮将两个以上的编码器连接起来，组成多级检测装置，导致其结构复杂、成本高。

1.增量式编码器

增量式编码器是指随转轴旋转的码盘给出一系列脉冲，然后根据旋转方向用计数器对这些脉冲进行加减计数，以此来表示转过的角位移量。增量式编码器的工作原理如图 4-32 所示。

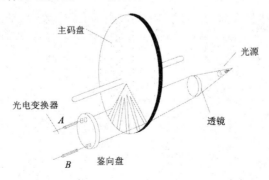

图 4-32　增量式编码器工作原理

它由主码盘、鉴向盘、光学系统和光电变换器组成。在图形的主码盘（光电盘）周边上刻有节距相等的辐射状窄缝，形成均匀分布的透明区和不透明区。鉴向盘与主码盘平行，并刻有 a、b 两组透明检测窄缝，它们彼此错开 1/4 节距，以使 $A$、$B$ 两个光电变换器的输出信号在相位上相差 90°。工作时，鉴向盘静止不动，主码盘与转轴一起转动，光源发出的光投射到主码盘与鉴向盘上。当主码盘上的不透明区正好与鉴向盘上的透明窄缝对齐时，光线被全部遮住，光电变换器输出电压为最小；当主码盘上的透明区正好与鉴向盘上的透明窄缝对齐时，光线全部通过，光电变换器输出电压为最大。主码盘每转过一个刻线周期，光电变换器将输出一个近似的正弦波电压，且光电变换器 $A$、$B$ 的输出电压相位差为 90°。经逻辑电路处理就可以测出被测轴的相对转角和转动方向。

利用增量式编码器还可以测量轴的转速。方法有两种，分别应用测量脉冲的频率和周期的原理。

2. 绝对式编码器

绝对式编码器是通过读取码盘上的图案信息把被测转角直接转换成相应代码的检测元件。编码盘有光电式、接触式和电磁式三种。

光电式码盘是目前应用较多的一种，它是在透明材料的圆盘上精确地印制上二进制编码。图 4-33 所示为四位二进制的码盘，码盘上各圈圆环分别代表一位二进制的数字码道，在同一个码道上印制黑白等间隔图案，形成一套编码。黑色不透光区和白色透光区分别代表二进制的 "0" 和 "1"。在一个四位光电码盘上，有四圈数字码道，每一个码道表示二进制的一位，里侧是高位，外侧是低位，在 360° 范围内可编码数为 $2^4$=16 个。

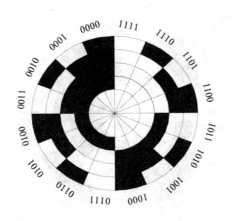

图 4-33 四位二进制的码盘

工作时，码盘的一侧放置电源，另一边放置光电接收装置，每个码道都对应一个光电管及放大、整形电路。码盘转到不同位置，光电元件接收光信号，并转换成相应的电信号，经放大整形后，成为相应数码电信号。但由于制造和安装精度的影响，当码盘回转在两码段交替过程中，会产生读数误差。例如，当码盘顺时针方向旋转，由位置"0111"变为"1000"时，这四位数要同时都变化，可能将数码误读成 16 种代码中的任意一种，如读成 1111、1011、1101、…0001 等，产生了无法估计的数值误差，这种误差称非单值性误差。

为了消除非单值性误差，可采用以下方法。

（1）循环码盘（或称格雷码盘）

循环码习惯上又称格雷码，它也是一种二进制编码，只有"0"和"1"两个数。图 4-34 所示为四位二进制循环码。这种编码的特点是任意相邻的两个代码间只有一位代码有变化，即"0"变为"1"或"1"变为"0"。因此，在两数变换过程中，所产生的读数误差最多不超过"1"，只可能读成相邻两个数中的一个数。所以，它是消除非单值性误差的一种有效方法。

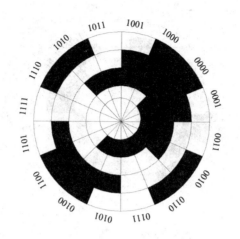

图 4-34  四位二进制循环码盘

（2）带判位光电装置的二进制循环码盘

这种码盘是在四位二进制循环码盘的最外圈再增加一圈信号位。图 4-35 所示就是带判位光电装置的二进制循环码盘。该码盘最外圈上的信号位的位置正好与状态交线错开，只有当信号位处的光电元件有信号时才读数，这样就不会产生非单值性误差。

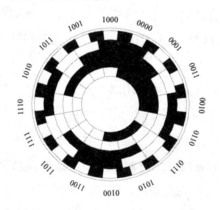

图 4-35  带判位光电装置的二进制循环码盘

（三）测力传感器

在机电一体化工程中，力、压力和扭矩是很常用的机械参量。近年来，各种高精度力、压力和扭矩传感器的出现，更以其惯性小、响应快、易于记录、便于遥控等优点得到了广泛应用。按其工作原理可分为弹性式、电阻应变式、电感式、电容式、压电式和磁电式等，而电阻应变式传感器应用较为广泛。

电阻应变式测力传感器的工作原理是基于电阻应变效应。粘贴有应变片的弹性元件受力作用时产生变形，应变片将弹性元件的应变转换为电阻值的变化，经过转换电路输出电压或电流信号。

1. 膜式压力传感器

它的弹性元件为四周固定的等截面圆形薄板，又称平膜板或膜片，其一侧表面承受被测分布压力，另一侧面粘有应变片或专用的箔式应变花，并组成电桥。如图 4-36 所示。膜片在被测压力 $p$ 作用下发生弹性变形，应变片在任意半径 $r$ 的径向应变 $\varepsilon_r$ 和切向应变 $\varepsilon_t$ 分别为：

$$\varepsilon_r = \frac{3p}{8h^2 E}(1 - \mu^2)(r_0^2 - 3r^2)$$

$$\varepsilon_t = \frac{3p}{8h^2 E}(1 - \mu^2)(r_0^2 - r^2)$$

式中，$p$——被测压力；

$\quad\quad h$——膜片厚度；

$\quad\quad r$——膜片任意半径；

$\quad\quad E$——膜片材料的弹性模量；

$\quad\quad \mu$——膜片材料的泊松比；

$\quad\quad r_0$——膜片有效工作半径。

由分布曲线可知，电阻 $R_1$ 和 $R_3$ 的阻值增大（受正的切向应变）；而电阻 $R_2$ 和 $R_4$ 的阻值减小（受负的径向应变）。因此，电桥有电压输出，且输出电压与压力成比例。

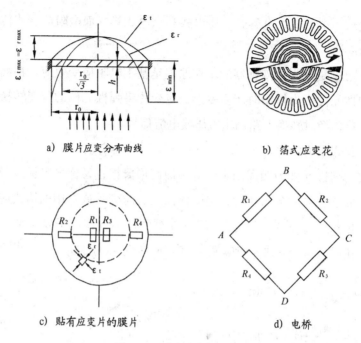

a) 膜片应变分布曲线

b) 箔式应变花

c) 贴有应变片的膜片

d) 电桥

**图 4-36 膜式压力传感器**

## 2. 筒式压力传感器

它的弹性元件为薄壁圆筒，筒的底部较厚。这种弹性元件的特点是，圆筒受到被测压力后表面各处的应变是相同的，因此应变片的粘贴位置不影响所测应变。如图 4-37 所示，工作应变片 $R_1$、$R_3$ 沿圆周方向粘贴在筒壁，温度补偿片 $R_2$、$R_4$ 贴在筒底外壁上，并连接成全桥线路，这种传感器适用于测量较大的压力。

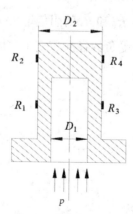

**图 4-37 筒式压力传感器**

对于薄壁圆筒（壁厚与壁的中面曲率半径之比 < 1/20），筒壁上工作应变片的切向应变 $\varepsilon_t$ 与被测压力 $p$ 的关系，可用下式求得：

$$\varepsilon_t = \frac{(2-\mu)D_1}{2(D_2-D_1)E}p$$

对于厚壁圆筒（壁厚与壁的中面曲率半径之比 > 1/20）则有：

$$\varepsilon_t = \frac{(2-\mu)D_1^2}{2(D_2^2-D_1^2)E}p$$

式中，　$D_1$——圆筒内孔直径；

　　　　$D_2$——圆筒外壁直径；

　　　　$E$——圆筒材料的弹性模量；

　　　　$\mu$——圆筒材料的泊松比。

3. 压阻式压力传感器

压阻式压力传感器的结构如图 4-38 所示。其核心部分是一圆形的硅膜片。在沿某晶向切割的 N 型硅膜片上扩散四个阻值相等的 P 型电阻，构成平衡电桥。硅膜片周边用硅杯固定，其下部是与被测系统相连的高压腔，上部为低压腔，通常与大气相通。在被测压力作用下，膜片产生应力和应变，P 型电阻产生压阻效应，其电阻发生相对变化。

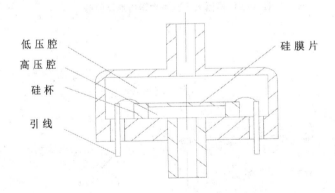

**图 4-38　压阻式压力传感器**

压阻式压力传感器适用于中、低压力、微压和压差测量。由于其弹性敏感元件与变换元件呈一体化结构，尺寸小且可微型化，固有频率很高。

### 4.力矩传感器

图 4-39 所示为机器人手腕用力矩传感器原理，它是检测机器人终端环节（如小臂）与手爪之间力矩的传感器。目前国内外所研制的腕力传感器种类较多，但使用的敏感元件几乎全都是应变片，不同的只是弹性结构有差异。图中驱动轴 $B$ 通过装有应变片 $A$ 的腕部与手部 $C$ 连接，当驱动轴回转并带动手部回转而拧紧螺丝钉 $D$ 时，手部所受力矩的大小可通过应变片电压的输出测得。

图 4-40 为无触点检测力矩的方法。传动轴的两端安装上磁分度圆盘 $A$，分别用磁头 $B$ 检测两圆盘之间的转角差，用转角差与负荷 $M$ 成比例的关系，即可测量负荷力矩的大小。

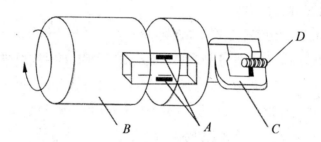

图 4-39　机器人手腕用力矩传感器原理

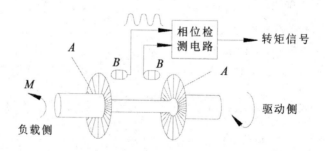

图 4-40　无触点力矩测量原理

### 三、步进电动机

1. 步进电动机的结构、工作原理及控制

步进电动机能将脉冲信号直接转换成角位移（或直线位移），这在计算机控制系统中特别方便，使用它可省去数模转换接口。由于步进电动机的角位移是按步距（对应一个脉冲）移动的，所以称为步进电动机。当步进电动机的结构和控制方式确定后，步距角的大小为一固定值，所以可以对它进行开环控制。

步进电动机的定子上有数对极，极上有绕组，位置相对的极上的绕组连在一起，作为一相。转子有几个凸出的齿，如图4-41所示。图中定子上有三对极，三相绕组有一端均连在一起，另一端A、B、C引入控制信号，形成星形接法。转子上有四个齿。这种结构形式称为三相步进电动机。

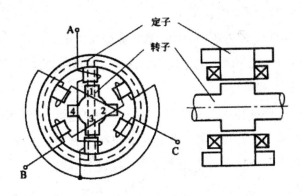

图4-41 步进电动机结构示意图

设启动时转子上的1、3齿在A相绕组极的附近，当第一个脉冲通入A相时，磁通企图沿着磁阻最小的路径闭合，在此磁场力的作用下，转子的1、3齿要和A级对齐。当下一个脉冲通入B相时，磁通同样要按磁阻最小的路径闭合，即2、4齿要和B级对齐，则转子就沿逆时针方向转动一步。当再下一个脉冲通入C相时，同理1、3齿要和C极对齐，也即转子再逆时针走一步。依次不断地给A、B、C相通以脉冲，则步进电动机就一步步地按逆时针方向旋转。若通电脉冲的次序为A、C、B、A…，则不难推出，转子将以顺时针方向一步步地旋转。这样，用不同的脉冲通入次序方式就可以实现对步进电动机的控制。

定子绕组每改变一次通电方式，称为一拍。上述的通电方式称为三相单三拍。所谓"单"是指每次只有一相绕组通电；所谓"三拍"是指经过三次切换控制绕组的通电状态为一个循环。

三相步进电动机还有"双三拍"等多种控制方式。双三拍控制方式的通电次序为 AB → BC → CA → AB…，每次都是两相同时通电。若要使步进电动机反转，只要把通电脉冲的次序改为 AB → CA → BC → AB…即可。步进电动机除做成三相的外，还可做成四相、五相、六相的。

2. 步进电动机主要性能参数

（1）步距角

步进电动机走一步所转过的角度称为步距角，可按下面公式计算：

$$\theta = \frac{360^0}{Zm}$$

式中 $\theta$ 为步距角，$Z$ 为转子上的齿数，$m$ 为步进电动机运行的拍数。

同一台步进电动机，因通电方式不同，运行时步距角也是不同的。

（2）启动频率和运行频率

不同频率的一串脉冲送入步进电动机，步进电动机是否都能一步不落地"跟上"呢？从上述原理可知，步进电动机接受脉冲后，有了电流，建立起磁场，然后克服惯性矩，才能把转子"拉过来"走一步。由于绕组有电感，电流不能瞬时建立，磁场也就不会马上建立。当输入的脉冲频率高到尚未等磁场建立、克服惯性矩把转子拉过来，脉冲就消失，甚至下一个脉冲已来到，则步进电动机就会失步。我们把不失步启动的最高脉冲频率称为启动频率，也称突跳频率，是步进电动机的一项重要性能指标。由于启动时转子由静止启动，需要克服的惯性矩大，所以启动频率不会太高。当已经启动后，由于其运动频率要克服的惯性矩较小，所以运行频率会高于启动频率。运行频率是指步进电动机启动后，当控制脉冲频率连续上升时，步进电动机能不失步的最高频率。从以上分析可知，启动频率和运行频率与步进电动机的负载力矩、惯性矩等都有关，同时也和控制方式有关。

步进电动机的控制电流一般都较大，而且需要一定的供给顺序，所以信号脉冲不能直接送给步进电动机，而需加脉冲分配器，以使其按一定控制方式把脉冲分配给步进电动机的各相，并且通过功放电路来驱动步进电动机。为了提高启动频率和运行频率，也可以在放大电路上采取措施，如在绕组中串接小电阻以减小绕组电感所引起的时间常数，但这样做会增加能量的消耗。

（3）静转矩和失调角

前面的分析中所述的步进电动机转子位置都是不考虑外力矩的情况。当转子带有负载力矩通电时，转子就不再与定子上的某极对齐，而是相差一定的角度，该角度所形成的电磁转矩正好和负载力矩相平衡，这个角度称为失调角。失调角影响步进电动机的精度，而且它随着负载力矩的变化而变化。失调角太大，下一个脉冲到来时，会使步进电动机失控，即它不能按原来的方向走步，反而会向反方向走步。所以步进电动机所能带的静转矩是受到限制的。其最大静转矩一般均在产品说明中给出，使用中不要超过此值。